微波技术与天线

翟玉婷　程占昕　等编著

郑剑云　主审

国防工业出版社
·北京·

内 容 简 介

本书对微波技术与天线进行了简要系统的阐述，突出基础理论在装备工程中的应用，着重介绍雷达工程领域常用的微波传输线、微波元器件及天线，强化相关器件及天线在雷达装备中的工作原理和实际作用。全书共分为八章，包括绪论、均匀传输线理论、常见微波传输线、微波网络基础、微波元器件、天线辐射与接收原理、线天线和面天线等内容。

本书主要用于生长军官高等教育舰艇情电指挥（电子信息工程）专业教材。同时，亦可供其他雷达装备从业务人员、院校相关学科相关专业技术人员参考。

图书在版编目（CIP）数据

微波技术与天线 / 翟玉婷等编著. --北京：国防工业出版社, 2025. 2. -- ISBN 978-7-118-13657-9

Ⅰ. TN015；TN822

中国国家版本馆 CIP 数据核字第 20250BT163 号

※

国防工业出版社出版发行
（北京市海淀区紫竹院南路 23 号　邮政编码 100048）
北京凌奇印刷有限责任公司印刷
新华书店经售

＊

开本 710×1000　1/16　印张 9¼　字数 161 千字
2025 年 2 月第 1 版第 1 次印刷　印数 1—1000 册　定价 98.00 元

（本书如有印装错误，我社负责调换）

国防书店：(010) 88540777　　书店传真：(010) 88540776
发行业务：(010) 88540717　　发行传真：(010) 88540762

编审委员会

主　编　翟玉婷　程占昕

副主编　刘冬利　邵晓方

主　审　郑剑云

校　对　柳　毅　张新宇　侯建强

前　言

　　本书是依据中国人民解放军院校教学大纲（生长军官水面舰艇类舰艇情电指挥专业）和海军大连舰艇学院生长军官高等教育舰艇情电指挥（电子信息工程）专业人才培养方案的要求编写完成，适用于生长军官高等教育舰艇情电指挥（电子信息工程）专业微波技术与天线的课程教学，该课程是该专业背景模块中的必修主干课程，同时为对接电子信息工程专业教学质量国家标准课程。

　　在目前已出版的相关著作中，内容多侧重于理论分析、天线设计、无线通信天线及智能天线，与雷达装备工程相关的微波技术与天线内容较少，为满足雷达装备从业人员基础知识获取及军事院校指挥类生长军官高等教育专业授课的需求，本书在参考现有成熟理论的同时，尽量保持完整和严谨的理论体系，简化繁杂的推导，将图形、公式、文字等素材集成一体，使读者易于接受。本书为微波技术与天线相关内容的简明教材，突出基础理论在装备工程中的应用，着重介绍雷达工程领域常用的微波传输线、微波元器件及天线，强化相关器件及天线在雷达装备中的工作原理和实际作用，使读者在熟悉理论的基础上对传输线及天线建立起直观的认知概念。本书主要用于生长军官高等教育舰艇情电指挥（电子信息工程）专业教材，亦可供其他院校相关学科及相关专业技术人员参考。

　　本书重点介绍微波技术与天线两大模块，内容上共分为八章，前五章为微波技术模块，主要介绍电波传播概论、均匀传输线理论、常见微波传输线、微波网络和微波元器件，其中，均匀传输线理论部分主要讨论了传输线"化场为路"的分析方法，常见微波传输线和微波元器件部分则紧贴实际装备，着重介绍雷达实装中常用的传输线和元器件；后三章为天线模块，主要叙述了天线辐射与接收原理、线天线和面天线，尤其是线天线和面天线两部分，着重介绍了现有舰载雷达天线中常用的波导缝隙天线阵、喇叭天线、抛物面天线、卡塞格伦天线和相控阵天线。

　　本书由海军大连舰艇学院信息系统系雷达教研室翟玉婷讲师、程占昕讲师编写，其中翟玉婷负责编写第一、二、四章及第六~八章的内容和统稿工作，程占昕负责编写第三、五章的内容和排版工作。柳毅、张新宇、侯建强负责教材校对工作，刘冬利教授、邵晓方副教授以及大连海事大学房少军教授、栾秀珍教授在本书编写过程中给予了指导和帮助，在此一并表示诚挚的感谢。

由于编者水平有限，加之编写时间仓促，书中难免存在不足之处，恳请读者批评指正。

编者
于海军大连舰艇学院
2023 年 10 月

目　　录

第一章　绪论 ··· 1

第一节　基本概念 ··· 1
一、微波的概念 ·· 1
二、微波的性质 ·· 2
三、微波的应用 ·· 4

第二节　电波传播概论 ··· 6
一、电波传播的基本概念 ·· 6
二、电磁波在大气传播的几种途径 ································ 8

第三节　实验仿真软件简介 ··· 11
一、MATLAB 的特点 ·· 11
二、MATLAB 在微波技术与天线中的应用 ····················· 12

小结 ·· 13
复习思考题 ··· 13

第二章　均匀传输线理论 ··· 14

第一节　均匀传输线方程及其解 ····································· 14
一、微波传输线的分类 ·· 14
二、均匀传输线分析方法 ··· 14
三、均匀传输线方程 ··· 15
四、均匀传输线方程的解 ··· 18

第二节　传输线特性参数与状态参量 ······························· 19
一、传输线工作特性参数 ··· 19
二、传输线状态参量 ··· 20

第三节　传输线工作状态 ··· 25
一、行波状态（匹配状态） ··· 25
二、驻波状态（全反射状态） ······································ 25

VII

三、行驻波状态（部分反射状态） ·· 26
小结 ··· 27
复习思考题 ··· 27

第三章 常见微波传输线 ·· 29

第一节 导行波分类 ·· 29
一、横电磁波（TEM 波） ··· 29
二、横磁波（TM 波/E 波） ··· 30
三、横电波（TE 波/H 波） ··· 30
第二节 同轴线 ·· 30
第三节 矩形波导 ·· 32
第四节 圆波导 ·· 35
第五节 激励与耦合 ·· 37
一、探针电激励 ··· 37
二、小环磁激励 ··· 38
小结 ··· 38
复习思考题 ··· 38

第四章 微波网络基础 ·· 40

第一节 微波网络概述 ·· 40
一、微波网络基本思想 ··· 40
二、微波网络的分类 ··· 42
第二节 微波网络参量 ·· 42
一、阻抗参量（Z） ·· 42
二、导纳参量（Y） ·· 43
三、转移参量（A） ·· 44
四、散射参量（s） ··· 44
五、传输参量（t） ··· 46
六、网络参量的性质 ··· 46
第三节 二端口网络的组合 ·· 47
一、级联 ··· 47
二、并联-并联 ··· 48
三、串联-串联 ··· 49
小结 ··· 50

复习思考题 ………………………………………………………… 50

第五章　微波元器件 ……………………………………………… 52

第一节　微波电阻性元件 ………………………………………… 52
　　一、匹配负载 …………………………………………………… 52
　　二、衰减器 ……………………………………………………… 53

第二节　微波电抗性元件 ………………………………………… 54
　　一、膜片 ………………………………………………………… 54
　　二、谐振窗 ……………………………………………………… 55

第三节　微波移相器 ……………………………………………… 56
　　一、相波长式移相器 …………………………………………… 57
　　二、波程式移相器 ……………………………………………… 58

第四节　极化变换器 ……………………………………………… 58

第五节　矩形波导定向耦合器 …………………………………… 59
　　一、E-T 分支 …………………………………………………… 60
　　二、H-T 分支 …………………………………………………… 61
　　三、波导双 T …………………………………………………… 62
　　四、匹配双 T（魔 T）…………………………………………… 63

第六节　连接元件 ………………………………………………… 64
　　一、平法兰接头 ………………………………………………… 64
　　二、扼流法兰接头 ……………………………………………… 65
　　三、扭波导和波导弯头 ………………………………………… 65

第七节　微波铁氧体器件 ………………………………………… 66
　　一、铁氧体磁导率张量与性质 ………………………………… 66
　　二、场移式铁氧体隔离器 ……………………………………… 68
　　三、铁氧体环行器 ……………………………………………… 69

　小结 ………………………………………………………………… 71
　复习思考题 ………………………………………………………… 71

第六章　天线辐射与接收原理 …………………………………… 73

第一节　电流元的辐射场及方向特性 …………………………… 73
　　一、电流元电磁场的性质 ……………………………………… 74
　　二、电流元辐射场的方向性 …………………………………… 76
　　三、电流元的方向性函数 ……………………………………… 77

四、电流元的方向性图 ………………………………………… 77
第二节　天线电参数 ……………………………………………… 80
　　一、主瓣张角和主瓣宽度 ………………………………………… 81
　　二、副瓣电平 ……………………………………………………… 82
　　三、方向性系数 …………………………………………………… 83
　　四、天线（辐射）效率 …………………………………………… 83
　　五、增益系数 ……………………………………………………… 84
　　六、有效长度 ……………………………………………………… 85
　　七、极化特性 ……………………………………………………… 85
第三节　天线互易性定理 ………………………………………… 87
小结 …………………………………………………………………… 89
复习思考题 …………………………………………………………… 89

第七章　线天线 …………………………………………………… 90

第一节　对称振子天线 …………………………………………… 90
　　一、对称振子的电流分布 ………………………………………… 90
　　二、对称振子的辐射场 …………………………………………… 92
　　三、对称振子的方向性 …………………………………………… 94
第二节　阵列天线 ………………………………………………… 98
　　一、直线天线阵的方向性 ………………………………………… 98
　　二、方向性图乘积定理应用 ……………………………………… 102
第三节　引向天线 ………………………………………………… 109
　　一、引向天线结构组成 …………………………………………… 109
　　二、引向天线的工作原理 ………………………………………… 110
第四节　裂缝波导天线 …………………………………………… 112
　　一、波导缝隙天线及其开缝原则 ………………………………… 112
　　二、波导缝隙天线阵及其工作原理 ……………………………… 113
小结 …………………………………………………………………… 116
复习思考题 …………………………………………………………… 116

第八章　面天线 …………………………………………………… 118

第一节　喇叭天线 ………………………………………………… 118
　　一、喇叭天线的分类 ……………………………………………… 118
　　二、喇叭天线的辐射特性 ………………………………………… 120

目录

第二节　旋转抛物面天线 ………………………………… 122
　一、抛物面天线及其结构组成 ……………………… 122
　二、抛物面天线几何特性及辐射特性 ……………… 122
　三、馈源选择要求及偏焦 …………………………… 124
第三节　卡塞格伦天线 …………………………………… 126
　一、卡塞格伦天线及其结构组成 …………………… 126
　二、卡塞格伦天线几何特性及工作原理 …………… 126
第四节　相控阵天线 ……………………………………… 129
　一、相控阵天线基本概念 …………………………… 129
　二、相控阵天线基本工作原理 ……………………… 130
小结 ………………………………………………………… 134
复习思考题 ………………………………………………… 134

参考文献 ………………………………………………… 135

第一章 绪 论

微波技术是近代科学研究的重大成就之一,近十年来,已发展成为一门比较成熟的学科,在雷达、通信、导航、电子对抗等许多领域得到了广泛的应用。它的基本理论是经典的电磁场理论,是研究微波信号的产生、传输、变换、发射、接收和测量的一门学科。微波技术起源于20世纪30年代,其早期应用研究主要集中在雷达方面,由此带动了微波元件和器件、高功率微波管、微波电路和微波测量等技术的研究和发展。随着研究的不断深入,雷达不仅用于国防,同时也用于导航、气象监测、大地测量、工业检测和交通管理等方面。在现代通信应用中,有卫星通信和常规中继通信,同时微波在工业生产、农业科学等方面的研究,以及微波在生物学、医学等方面的研究和发展已经越来越受到重视。微波技术已成为一门无论在理论上还是在技术上都相当成熟,同时又不断向纵深发展的学科。本章就微波的基本概念、电波传播概论,以及相关仿真软件进行简要介绍。

第一节 基本概念

雷达正是微波技术的典型应用。可以说没有微波技术的发展(具体地说是没有微波有源器件的发展),就不可能有现代雷达,两者休戚相关,相互促进。因此,微波技术目前已成为无线电电子工程专业的专业基础课之一。在本节中将从最浅显的内容入手,讨论微波的概念、性质以及微波的应用。

一、微波的概念

微波(Microwave)是电磁波谱中介于超短波与红外线之间的波段,它属于无线电波中波长最短(即频率最高)的波段,其频率范围为300MHz(波长1m)~3000GHz(波长0.1mm)。通常又将微波波段划分为分米波(频率300~3000MHz)、厘米波(频率3~30GHz)、毫米波(频率30~300GHz)和亚毫米波(频率300~3000GHz)四个分波段,在通信和雷达工程上还使用拉丁字母来表示微波更细的分波段。图1-1-1给出了微波在电磁波谱中的位置,表1-1-1给出了常用微波波段的划分。

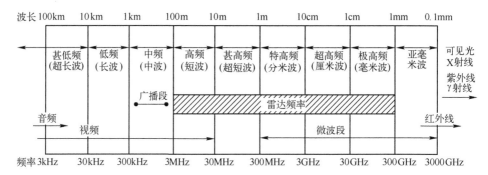

图 1-1-1 微波在电磁波谱中的位置

表 1-1-1 常用微波波段的划分

波段代号	频率范围/GHz	波长范围/cm	标称波长/cm
L	1~2	30~15	22
S	2~4	15~7.5	10
C	4~8	7.5~3.75	5
X	8~12	3.75~2.5	3
Ku	12~18	2.5~1.67	2
K	18~27	1.67~1.11	1.25
Ka	27~40	1.11~0.75	0.8
U	40~60	0.75~0.5	0.6
V	60~80	0.5~0.375	0.4
W	80~100	0.375~0.3	0.3

对于低于微波频率的无线电波，其波长远大于电系统的实际尺寸，可用集总参数电路的理论进行分析，即电路分析法；频率高于微波波段的光波、X 射线、γ射线等，其波长远小于电系统的实际尺寸，甚至与分子、原子的尺寸相比拟，因此可用光学理论进行分析，即光学分析法；而微波则由于其波长与电系统的实际尺寸相当，不能用普通电子学中电路的方法研究或用光的方法直接去研究，而必须用场的观点去研究，即由麦克斯韦方程组出发，结合边界条件来研究系统内部的结构，称为场分析法。

二、微波的性质

微波波段之所以要从射频频谱中分离出来单独进行研究，就是由于微波波段有着不同于其他波段的重要性质。

第一章　绪论

（一）研究方法的独特性

由于微波的频率高、波长短，使得其在低频电路中完全忽略了一些现象和效应，如趋肤效应、辐射效应等。但这些效应在微波波段不可忽略。如此一来，在低频电路中常用的集总参数元件电阻、电感、电容已经不再适用，电压、电流在微波波段已经失去了唯一性意义。因此，需要建立一套新的能够对微波传输系统进行完全描述的理论分析方法——电磁场理论的场与波传输的分析方法。用传输线、波导、谐振腔等代替那些已经习惯了的电容、电感、电阻等低频装置，起到与低频装置功能相似的作用。因此，不论在结构形式和工作原理上，微波分布参数电路与低频集总参数电路都将有很大的区别。

（二）似光性

微波具有类似光一样的特性，主要表现在反射性、直线传播性及集束性等几个方面。由于微波的波长与地球上的一般物体（如飞机、舰船、火箭、导弹、建筑物等）的尺寸相比要小得多，或在同一量级，因此当微波照射到这些物体上时，会产生显著的反射、折射，同时微波传播的特性也与几何光学相似，能像光线那样直线传播并容易集中。这样利用微波就可以获得方向性极好、体积小的天线设备，用于接收地面上或宇宙空间中各种物体反射回来的微弱信号，从而确定该物体的方位与距离，这就是雷达及导航技术的基础。

（三）似声性

微波的波长与无线电设备尺寸相当的特点，使得微波又表现出与声波相似的特征，即具有似声性。例如，微波波导类似于声学中的传声筒，喇叭天线和缝隙天线类似于声学喇叭、箫和笛子，微波谐振腔类似于声学共鸣箱。

（四）穿透性

微波照射到介质时具有穿透性，主要表现在云、雾、雪等对微波传播的影响较小，这为全天候微波通信和遥感打下了基础，同时微波能够穿透生物体的特点也为微波生物医学打下基础。另一方面，微波具有穿透电离层的透射特性，实验证明：微波波段的几个分波段，如 $1\sim10\text{GHz}$、$20\sim30\text{GHz}$ 以及 91GHz 附近波段受电离层的影响较小，可以较为容易地由地面向外层空间传播，从而成为人类探索外层空间的"无线电窗口"，它为空间通信、卫星通信、卫星遥感和射电天文学的研究提供了难得的无线电通道。

（五）散射性

当电磁波入射到某物体上时，会在除了入射波方向外的其他方向上产生散射。散射是入射波和该物体相互作用的结果，所以散射波携带了大量关于散射体的信息。例如：早晨，当太阳还没升起来的时候，虽然无法直接看到太阳，但当我们看到天空被染成鱼肚白或云被染成红色时，就知道太阳在地平线下不远的地方了，这个信息就是通过大气或云对太阳的散射作用而传递的。由于微波具有频域信息、相位信息、极化信息、时域信息等多种信息，人们通过对不同物体的散射特性的检测，从中提取目标特征信息，从而进行目标识别，这就是微波遥感、雷达成像等的基础。另一方面，还可以利用大气对流层的散射实现远距离微波散射通信。

（六）高频性

微波的频率很高，这使之在应用上能适合于宽频带技术的要求。因为无线电设备相对带宽的增大受到技术的限制，而载波频率的提高就可以在相同相对带宽情况下使设备的绝对带宽增加，从而在微波设备上可以容易地实现大信息容量宽带信号（如多路的电话和电视信号）的传送和辐射。

（七）抗低频干扰特性

地球周围充斥着各种各样的噪声和干扰，主要归纳为由宇宙和大气在传输信道上产生的自然噪声以及由各种电气设备工作时产生的人为噪声。由于这些噪声一般在中低频区域，与微波波段的频率差别较大，在微波滤波器的阻隔下，基本不会影响微波通信的正常进行，因此微波具有抗低频干扰特性。

综上所述，正是由于微波具有许多独特的性质，才为它的迅速发展和广泛应用提供了动力、开辟了前景。

三、微波的应用

（一）雷达

如前所述，雷达是微波技术的早期应用，时隔几十年，现代雷达的种类已经很多，性能也日益提高。多用于军事、航空、航海、气象、遥感、城市交通等领域，诸如导弹跟踪雷达、导弹制导雷达、空中交通管制雷达、炮瞄雷达、气象雷达、导航雷达等。采用单脉冲雷达，作用距离可达到数十万千米。特别值得一提的是，由于半导体集成电路技术的发展和计算机信息处理能力的提高，不仅可使雷达小型化，而且能使雷达从噪声中提取微弱信号，并进行程序控制，从而使雷达的作用距离、精度、分辨率和多目标等性能方面得到了极大提升。

（二）通信

微波几乎遍及通信的各个领域（除光通信外），常用的微波通信有微波中继通信（微波多路通信）、卫星通信和移动通信（5G通信）等。微波中继通信如图 1-1-2 所示。而卫星通信则利用三个互成 120° 的位于外层空间的同步卫星，如图 1-1-3 所示，可实现全球通信和电视转播，在地面上利用网络通信则已十分普遍。

图 1-1-2　微波中继通信示意图

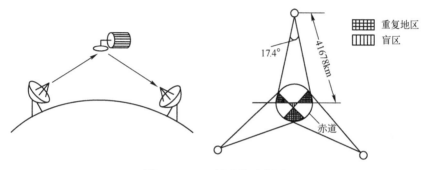

图 1-1-3　卫星通信示意图

（三）全球卫星导航系统

全球卫星导航系统（Global Navigation Satellite System），也称为全球导航卫星系统，是能在地球表面或近地空间的任何地点为用户提供全天候的三维坐标、速度以及时间信息的空基无线电导航定位系统。常见系统有 GPS 导航系统、GLONASS 导航系统、GALILEO 导航系统和北斗导航系统，常用于航空、航海、测绘、授时、汽车导航与信息服务等领域。

（四）微波加热

微波加热是利用含水介质在微波场中高频极化产生介质热损耗而使介质加热的。由于介质存在极化现象，介质中的极性分子在外电场作用下，将受到一电力矩作用，分子将旋转到与外电场方向一致的位置。当外电场交替变化时，极化方向也将交替变化。在微波场作用下，因为频率很高，极化方向的改变来不及跟上频率的变化，而是在原位上不停地摆动。由于分子热运动和相邻分子间的相互作用，摆动受到干扰和制约，这就产生了类似摩擦的效应，其结果使分子储存的一部分能量变成分子碰撞而产生的热能释放出来，这就产生了介质损耗，即微波能量使物料温度升高的机理。

微波加热具有均匀、速度快、节能、效率高和卫生等优点，被广泛应用于工农业生产和日常生活中，微波炉已经成为家庭必备炊具，微波加热还应用于食品加工以及木材、纸张、卷烟等物品的干燥与杀菌，微波也用于医疗中，对人体进行局部组织的热疗。近年来，对微波生物效应方面的研究十分活跃，出现了类似微波化学和微波生物学等的边缘学科，微波的应用方兴未艾。

（五）微波辐射

一般情况下，家电中的微波辐射不会对人体造成危害，而大功率的微波辐射对人体有害，通常，大功率微波设备的操作人员应采用适当的防护措施，如穿屏蔽服、戴防护眼镜等。微波辐射在军事方面也出现了一个新概念武器——微波武器，它是利用高功率微波束覆盖面状目标，在目标的电子线路中产生感应电压与电流，以击穿或烧毁其中的敏感元件，使其电子系统失效、中断和破损。微波武器的杀伤机理是基于微波与被照射物之间分子的相互作用，将电磁能转变为热能而产生的微波效应，就其物理机制来讲，主要有电效应、热效应和生物效应。

第二节 电波传播概论

电磁波由天线辐射到空间的一个区域后，以某种方式传播到接收天线处。从发射点到接收点，它所遇到的传输媒质主要就是大地及外围空间的大气层、电离层和大气中的水凝物（如雨滴、雪、冰等），这些媒质的电特性对不同频段电磁波的传播有着不同的影响。为建立电波传播的基本概念，本节首先介绍无线电波在自由空间的传播及传输媒质对电波传播的影响，然后再介绍电波传播的几种具体传输方式。

一、电波传播的基本概念

电磁波从发射天线辐射出去后，要通过一段相当长的自然环境区域，才能被对方接收天线所接收（如通信、导航）或被目标所散射，沿原来传播路径返回发射点被雷达天线接收。电波传播实际就是研究电磁波在这种自然环境中的传播规律。无线电波可以在自由空间和传播媒质中进行传播。

（一）自由空间中的传播

无线电波在空间传播时，一方面由于电波随着传播距离增大、能量分散而减弱，另一方面还会因传播介质的吸收和反射等而损耗一部分能量，因此，电磁波的强度就进一步减弱。为了能够比较传播的情况，并提供一个可讨论的基础，首先研究无线电波在自由空间的传播。

所谓自由空间，严格来说就是指真空，但在实际上不能达到这种条件。所以通常是指一个没有任何能反射或吸收电磁波的物体的无穷大空间，即媒质具有均匀、各向同性、电导率为 0、相对介电常数及相对磁导率为 1 的特点。

(二) 传输媒质对电波传播的影响

电波在实际的媒质（信道）中传播时有损耗。这种能量损耗可能是由于大气对电波的吸收或散射引起的，也可能是由于电波绕过球形地面或障碍物的绕射而引起的。通常把媒质吸收能量使信号衰减的情况称为传输损耗（信道损耗）。媒质的不均匀性、多经传输等都会使信号发生畸变、衰落或改变传播方向，也就是说不同的传播方式和传播媒质会导致信道的传输损耗也不同。

1. 衰落现象

所谓衰落，一般是指信号电平随时间的随机起伏。根据引起衰落的原因分类，可分为吸收型衰落和干涉型衰落。

吸收型衰落主要是由于传输媒质电参数的变化，使信号在媒质中的衰减发生相应的变化而引起的。如大气中的氧、水汽以及由后者凝聚而成的云、雾、雨、雪等都对电波有吸收作用。由于气象的随机性，这种吸收的强弱也有起伏，形成信号的衰落。这种衰落引起的信号电平变化较慢，也称为慢衰落。

干涉型衰落主要是由随机多径干涉现象引起的。在某些传输方式中，由于收、发两点间存在若干条传播路径，典型的如天波传播、不均匀媒质传播等，这些传播方式中，传输路径具有随机性，因此使到达接收点的各路径的时延随机变化，致使合成信号幅度和相位都发生随机起伏，且起伏周期短，信号电平变化快，也称为快衰落。

2. 传输失真

无线电波通过媒质时除了会产生传输损耗外，还会使信号产生失真——振幅失真和相位失真。产生失真的原因有两个：一是媒质的色散效应；二是随机多径传输效应。

色散效应是由于不同频率的无线电波在媒质中的传播速度有差别而引起的信号失真。载有信号的无线电波都具有一定的频带，当电波通过媒质时，各个频率成分传播速度不同，因而不能保持原有信号中的相位关系，引起波形失真。

多径传输也会引起信号畸变。这时因为无线电波在传播时通过两个以上不同长度的路径到达接收点，接收天线收到的信号是几个不同路径传来的电场强度之和。合成场强会根据电场矢量关系形成最大值和最小值，从而引起信号畸变。

3. 电波传播方向的变化

当电波在无限大的均匀、线性媒质内传播时，射线是沿直线传播的。然而电波传播实际所经历的空间场所是复杂多样的。不同媒质的分界处将使电波产生折射、反射；媒质中的不均匀体将使电波产生散射；球形地面和障碍物将使电波产生绕射；特别是某些传输媒质的时变性使射线轨迹随机变化，使得到达接收天线处的射线入射角随机起伏，使接收信号产生严重的衰落。

二、电磁波在大气传播的几种途径

根据媒质及不同媒质分界面对电波传播产生的主要影响，可将电波传播方式分为视距传播、天波传播、地面波传播和不均匀媒质散射传播。

（一）视距传播

所谓视距传播，是指发射天线和接收天线处于相互能看见的视线距离内的传播方式。它主要用于超短波和微波波段的电波传播。

如图 1-2-1 所示，对架设高度分别为 h_1 和 h_2 的发、收天线来说，如果增大它们之间的距离，使直射波射线与球面相切，这时二者之间的直线距离 ACB 最大，此时对应的地球上的距离 r_0 就称为视线距离，由式（1-2-1）确定。

$$r_0 = r_{01} + r_{02} = R_0\alpha + R_0\beta \qquad (1-2-1)$$

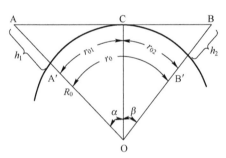

图 1-2-1 视线距离示意图

式中：R_0 为地球半径；α、β 分别为 r_{01} 和 r_{02} 对应的圆心角。由图 1-2-1 可知满足以下几何关系：

$$\cos\alpha = \frac{R_0}{R_0+h_1}, \quad \cos\beta = \frac{R_0}{R_0+h_2} \qquad (1-2-2)$$

因为地球半径 R_0 远大于天线架设高度 h_1 和 h_2，所以：

$$\sin\alpha = \sqrt{1-\cos^2\alpha} = \frac{\sqrt{2R_0h_1+h_1^2}}{R_0+h_1} \approx \frac{\sqrt{2R_0h_1}}{R_0} \qquad (1-2-3)$$

因为圆心角 α 非常小，因此

$$\alpha \approx \sin\alpha = \frac{\sqrt{2R_0 h_1}}{R_0} \quad (1-2-4)$$

同理可得

$$\beta \approx \sin\beta = \frac{\sqrt{2R_0 h_2}}{R_0} \quad (1-2-5)$$

于是可得视线距离为

$$r_0 = R_0\alpha + R_0\beta = \sqrt{2R_0}(\sqrt{h_1} + \sqrt{h_2}) \quad (1-2-6)$$

把地球平均半径 $R_0 = 6370 \text{km} = 6.37 \times 10^6 \text{m}$ 代入式（1-2-6），并把计算结果用 km 来表示，得

$$r_0 = 3.57(\sqrt{h_1} + \sqrt{h_2}) \quad (1-2-7)$$

需要注意的是，在式（1-2-7）中，发、收天线的架高 h_1 和 h_2 的单位仍然用 m，而视线距离计算结果 r_0 的单位是 km。若考虑大气的不均匀性对电波传播的影响，式（1-2-7）修正为

$$r_0 = 4.12(\sqrt{h_1} + \sqrt{h_2}) \quad (1-2-8)$$

（二）天波传播

天波传播通常是指自发射天线发出的电波在高空被电离层反射后到达接收点的传播方式，有时也称为电离层电波传播，主要用于中波和短波波段。

电离层是地球高空大气层的一部分，从离地面 60km 的高度一直延伸到 1000km 的高空。由于电离层电子密度不是均匀分布的，因此，按电子密度随高度的变化相应地分为 D、E、F1、F2 四层。为方便分析，可将电离层分为许多薄片层，每一薄片层的电子密度是均匀的，但彼此是不等的。当电波入射到空气和电离层界面时，由于电离层折射率小于空气折射率，折射角大于入射角，射线要向下偏折。当电波进入电离层后，由于电子密度随高度的增加而逐渐减小，因此各薄片层的折射率依次变小，电波将连续下折，直至到达某一高度处电波开始折回地面。可见，电离层对电波的反射实质上是电波在电离层中连续折射的结果，见图 1-2-2。

（三）地面波传播

无线电波沿地球表面传播的传播方式称为地面波传播，当天线低架于地面，且最大辐射方向沿地面时，这时主要是地面波传播。在长、中波波段和短波的低频段均可用这种传播方式。

设有一直立天线架设于地面之上，辐射的垂直极化波沿地面传播时，若大地是理想导体，则接收天线接收到的仍是垂直极化波，如图 1-2-3 所示。实际上，大地是非理想导电媒质，垂直极化波的电场沿地面传播时，就在地面感

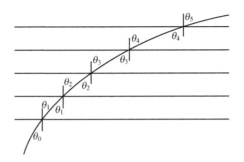

图 1-2-2 电离层对电波的连续折射

应出与其一起移动的正电荷,进而形成电流,从而产生欧姆损耗,造成大地对电波的吸收,并沿地表面形成较小的电场水平分量,致使波前倾斜,并变为椭圆极化波,如图 1-2-4 所示。显然,波前的倾斜程度反映了大地对电波的吸收程度。

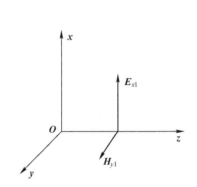

图 1-2-3 理想导电地面的场结构

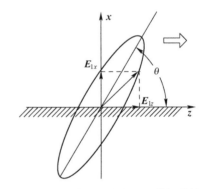

图 1-2-4 非理想导电地面的场结构

(四) 不均匀媒质的散射传播

除了以上三种基本传输方式外,还有散射波传播。主要适用于微波波段,一般在无法建立微波中继站的地区、海岛之间或跨越湖泊、沙漠、雪山等地区使用。

电波在低空对流层或高空电离层下缘遇到不均匀的"介质团"时会发生散射,散射波的一部分到达接收天线处,这种传播方式称为不均匀媒质的散射传播,见图 1-2-5。图中当微波投射到这些不均匀体上时,就在其中产生感应电流,成为一个二次辐射源,将入射的电磁能量向四面八方再辐射。于是电波就达到不均匀介质团所能"看见"但电波发射点却不能"看见"的超视距范围。电磁波的这种无规则、无方向的辐射,即为散射,相应的介质团称为散射体。

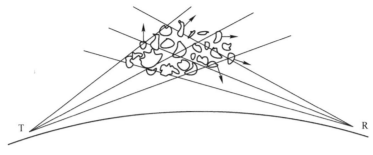

图1-2-5 不均匀媒质传播

第三节 实验仿真软件简介

MATLAB 是 matrix 和 laboratory 两个词的组合，意为矩阵实验室。它是由美国 Math Works 公司出品的商业数学软件，用于算法开发、数据可视化、数据分析以及数值计算的高级技术计算语言和交互式环境，主要包括 MATLAB 和 Simulink 两大部分。本节将对 MATLAB 的基本特点及其在微波技术与天线中的应用作简单介绍。

一、MATLAB 的特点

MATLAB 自 1984 年由美国 Math Works 公司推向市场以来，历经了二十多年的发展与竞争，现已成为国际公认的优秀科技应用软件。它将数值分析、矩阵计算、科学数据可视化以及非线性动态系统的建模和仿真等诸多强大功能集成在一个易于使用的视窗环境中，为科学研究、工程设计以及必须进行有效数值计算的众多科学领域提供了一种全面的解决方案，并在很大程度上摆脱了传统非交互式程序设计语言（如 C、Fortran）的编辑模式，代表了当今国际科学计算软件的先进水平。与 C、C++、Fortran、Pascal 和 Basic 相比，MATLAB 不但在数学语言的表达与解释方面表现出人机交互的高度一致，而且具有作为优秀高技术计算环境所不可或缺的特点。

（1）强大的数值计算和符号计算能力（计算结果和编程可视化、数字和文字统一处理、离线和在线计算）。

（2）以向量、数组和复数矩阵为计算单元，指令表达与标准教科书的数学表达式相近。

（3）高级图形和可视化处理能力。

（4）广泛地应用于解决各学科、各专业领域的复杂问题，以及自动控制、图像信号处理、生物医学工程、语音处理、雷达工程、信号分析、振动理论、时序分析与建模、优化设计等领域。

（5）拥有一个强大的非线性系统仿真工具箱。

（6）支持科学和工程计算标准的开放式可扩充结构。

（7）跨平台兼容。

二、MATLAB 在微波技术与天线中的应用

由于 MATLAB 具有一般高级语言难以比拟的优点，而且有许多实用的工具箱，使它很快成为应用学科计算机辅助分析、设计、仿真、教学乃至科技文字处理不可缺少的基础软件。

微波、天线的分析与设计所涉及的数学知识较多，公式冗长，计算烦琐，而且经常还要用到多种特殊函数，因此常常要借助于计算机，这样不仅省时、省力，而且还可以做到比较直观。比如在天线的分析中，如果想了解天线的辐射电阻，借助 MATLAB，不仅可以计算其辐射电阻，而且还可以画出其辐射特性曲线；如果想知道天线的方向性图，借助 MATLAB，不仅可以计算方向系数，还可以画出主平面方向性图及全空间方向性图等。图 1-3-1 为利用 MATLAB 绘制的八元齐平排列对称振子天线阵的三维方向性图及其赤道面方向性图。天线的优化设计中，由于天线的一些参数（如天线增益与工作带宽、主瓣宽度与旁瓣电平等）往往是矛盾的，此时 MATLAB 更显其魅力。

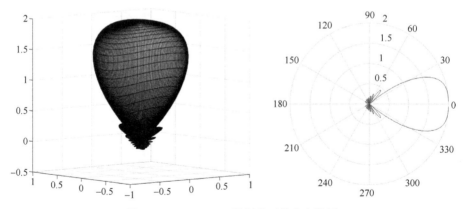

图 1-3-1　MATLAB 绘制的天线方向性图

本书主要是针对舰艇情电指挥专业学员编写的，而非电磁场专业，因此多注重微波、天线的分析和基础概念的介绍，MATLAB 作为一个工具始终贯穿

其中，如课程中天线方向性图的绘制均可使用 MATLAB 得到的结果。对于 MATLAB 基本编程可参考其他 MATLAB 基础教材，读者也可通过 MATLAB 编程实例更好地理解微波、天线的概念。

小　　结

　　雷达是微波技术与天线的典型应用，因此微波技术与天线即雷达原理的理论基础。微波是指波长在 1m～0.1mm、频率在 300MHz～3000GHz 的无线电波。微波具有研究方法的独特性、似光性、似声性、穿透性以及散射性等性质，主要应用于雷达、通信、全球定位系统、微波加热和微波辐射等领域。

　　根据无线电波的传播方式不同，电波传播一般可分为在自由空间传播和传输媒质中传播两种情况。其中，电波在自由空间中的传播为理想状态，是一种为了便于对各种传播方式进行比较而提出的一个比较标准。更多情况下，电波是在媒质中传播，而不同的传播媒质就会对电波传播造成影响，如衰落、失真、方向改变等。更多情况下，电波是在大气中进行传播。常见的传播方式有视距传播、天波传播、地面波传播以及不均匀媒质散射传播，不同传播方式的传播特点不同，所适用的波段也不同。

　　由于微波技术与天线所涉及的数学知识较多，公式冗长，计算烦琐，为了实现快捷计算及可视化，可采用 MATLAB 仿真软件进行相关计算及仿真，有助于理解相关理论知识，并对部分概念进行可视化仿真。

复习思考题

1. 简述微波的概念。
2. 常用微波波段有哪些，如何划分？
3. 简述微波的性质及应用。
4. 电波在大气中传播有哪几种常见传播途径？并分别适用于哪种电波？
5. 视距传播的视线距离如何计算？
6. 简述不均匀媒质散射传播的原理？

第二章　均匀传输线理论

微波传输线是用于传输微波信息和能量的各种形式传输系统的总称，它的作用是引导电磁波沿着一定方向传输，因此又称为波导系统，其所导引的电磁波被称为导行波。一般将截面尺寸、形状、媒质分布、材料以及边界条件均不变的传输线称为均匀传输线。为了更好地建立对均匀传输线理论的初步印象，本章先介绍传输线的常见类型，再从"化场为路"的观点出发，建立传输线方程，导出传输线方程的解，引入传输线的重要工作特性参数和状态参量，进而分析传输线的工作状态。

第一节　均匀传输线方程及其解

一、微波传输线的分类

微波传输线多种多样，不同种类的传输线适用不同情况。微波传输线大致可分为三类：第一类是双导体传输线，它由两根或两根以上平行导体组成，主要包括平行双线、同轴线、带状线和微带线等，如图 2-1-1（a）所示；第二类是均匀填充介质的金属波导管，因电磁波在管内传播，故称为波导，主要包括矩形波导、圆波导、脊形波导和椭圆波导等，如图 2-1-1（b）所示；第三类是介质传输线，因电磁波沿传输线表面传播，故又称为表面波波导，主要包括介质波导、镜像线和单根表面波传输线等，如图 2-1-1（c）所示。

二、均匀传输线分析方法

对均匀传输线的分析方法通常有两种：一种是场分析法，即从麦克斯韦方程出发，求出满足边界条件的波动解，得出传输线上电场和磁场的表达式，进而分析传输线的传输特性；另一种是等效电路法，将传输线电场和磁场等效成电路中的电压和电流，即从传输线方程出发，求出满足边界条件的电压、电流波动方程的解，得出沿线等效电压、电流的表达式，进而分析传输特性。第一种方法较为严格，数学上求解比较烦琐；第二种方法实质是在一定条件下

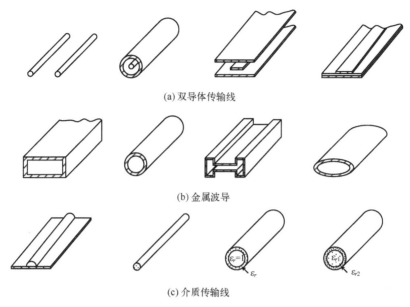

(a) 双导体传输线

(b) 金属波导

(c) 介质传输线

图 2-1-1　各种微波传输线

"化场为路"，有足够的精度，数学上求解较为简单，因此被广泛采用。本节对均匀传输线方程的讲解中主要运用的就是"化场为路"的思想。

三、均匀传输线方程

虽然传输线多种多样，但分析均匀传输线时，可以把均匀传输线组成的波导系统都等效为如图 2-1-2（a）所示的均匀平行双导线系统。平行双导线上的电荷分布如图 2-1-2（b）所示，一根导体上的正电荷指向另一根导体上的负电荷形成电场，当电磁波沿着平行双导线传输时，正负电荷也随之移动形成电流，而电流又激发产生磁场。图中可以看出，平行双导线上电压和电流随时间变化而变化。因此，传输线同一横截面对应位置的两导线上的电流等幅、反向。可将均匀传输线中电场和磁场等效为电压和电流来分析。

在均匀传输线上任意一点 z 处，取一微分线元 dz，则该线元可视为集总参数电路，在单位长度线元上，由于导线流过电流时，周围产生高频磁场，储存磁能，故可等效成串联分布电感 $L_1 dz$；导体间加电压时，会产生高频电场，储存电能，故可等效成并联电容 $C_1 dz$；电导率有限的导线流过电流时，由于趋肤效应使电阻增加，相当于附加了分布电阻 $R_1 dz$；导线间介质非理想还产生漏电流，相当于存在分布漏电导 $G_1 dz$。其中，L_1，C_1，R_1，G_1 分别为单位长度上的串联分布电感、并联分布电容、串联分布电阻和并联分布漏电导。得到的

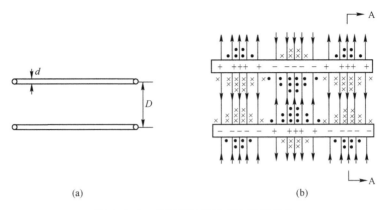

图 2-1-2　平行双导线及其电磁场分布

等效电路图如图 2-1-3 所示,称为分布电路。需要注意的是,分布电路中电流与集总参数电路中电流不同,这也是微波长线与低频短线的主要区别,长线与短线的区分由电长度 l/λ 确定,其中,l 为传输线长度,λ 为传输线上导行波的波长。$l/\lambda \gg 0.1$ 的传输线称为长线,$l/\lambda \ll 0.1$ 的传输线称为短线。一般微波传输线波长较短,电长度较长,称为微波长线。

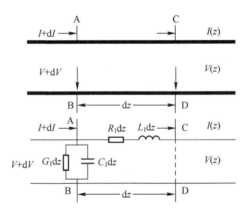

图 2-1-3　单位长度的均匀平行双导线及其等效电路图

如此一来,整个传输线就可以看作是由无限多个上述等效电路的级联而成的。如图 2-1-4 所示,其中传输线的始端接微波信号源(简称信源),终端接负载,选取传输线的纵向坐标为 z,坐标原点选在终端处,波沿着负 z 方向传播。有耗等效电路如图 2-1-4(b)所示,无耗传输线的等效电路如图 2-1-4(c)所示。

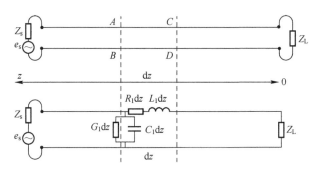

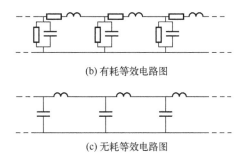

(a) 均匀平行双导线系统等效电路图

(b) 有耗等效电路图

(c) 无耗等效电路图

图 2-1-4 均匀传输线及其等效电路图

根据建立好的均匀传输线等效电路图，可以利用基尔霍夫定律对电路中的电压和电流进行求解。在图 2-1-3 中，根据基尔霍夫定律可得到式（2-1-1），其中，$Z_1=R_1+j\omega L_1$ 定义为单位长度上的分布阻抗，$Y_1=G_1+j\omega C_1$ 定义为单位长度上的分布导纳。将式（2-1-1）变形可得式（2-1-2）。式（2-1-2）两边同时对 z 求微分得式（2-1-3）。

$$dV = I(R_1+j\omega L_1)dz = IZ_1 dz$$
$$dI \approx V(G_1+j\omega C_1)dz = VY_1 dz \tag{2-1-1}$$

$$dV/dz = Z_1 I$$
$$dI/dz = Y_1 V \tag{2-1-2}$$

$$\frac{d^2 V}{dz^2} = Z_1 \frac{dI}{dz} = Z_1 Y_1 V$$
$$\frac{d^2 I}{dz^2} = Y_1 \frac{dV}{dz} = Z_1 Y_1 I \tag{2-1-3}$$

此时，定义 $\gamma = \sqrt{Z_1 Y_1} = \sqrt{(R_1+j\omega L_1)(G_1+j\omega C_1)} = \alpha + j\beta$ 为传播常数（传输线的工作特性参数之一），其中 α 为衰减常数，β 为相位常数。这时，式（2-1-3）

可写成式（2-1-4），又称为波动方程，显然，式（2-1-4）为二阶常系数线性齐次微分方程，解微分方程即可求得电压和电流的解。

$$\frac{d^2 V}{dz^2} - \gamma^2 V = 0$$
$$\frac{d^2 I}{dz^2} - \gamma^2 I = 0 \qquad (2\text{-}1\text{-}4)$$

四、均匀传输线方程的解

根据高等数学中二阶常系数线性齐次微分方程解的形式，可以得到波动方程电压的通解为式（2-1-5），其中，A 和 B 为待定系数，由传输线负载处的边界条件来确定。

$$V(z) = Ae^{\gamma z} + Be^{-\gamma z} \qquad (2\text{-}1\text{-}5)$$

根据式（2-1-2）第一个式子，可得电流的通解为

$$I(z) = \frac{Ae^{\gamma z}}{Z_1/\gamma} + \frac{Be^{-\gamma z}}{Z_1/(-\gamma)} \qquad (2\text{-}1\text{-}6)$$

在式（2-1-6）中，定义 $Z_0 = \frac{Z_1}{\gamma} = \sqrt{Z_1/Y_1} = \sqrt{(R_1 + j\omega L_1)/(G_1 + j\omega C_1)}$ 为传输线的特性阻抗（传输线的另一工作特性参数）。此时，电流的通解可表示为

$$I(z) = \frac{Ae^{\gamma z}}{Z_1/\gamma} + \frac{Be^{-\gamma z}}{Z_1/(-\gamma)} = \frac{Ae^{\gamma z}}{Z_0} - \frac{Be^{-\gamma z}}{Z_0} \qquad (2\text{-}1\text{-}7)$$

根据所求得的电压通解和电流通解，进而可得到无耗传输线电压和电流解的瞬时表达式为

$$V(z,t) = A\cos(\omega t + \beta z) + B\cos(\omega t - \beta z)$$
$$I(z,t) = \frac{A}{Z_0}\cos(\omega t + \beta z) - \frac{B}{Z_0}\cos(\omega t - \beta z) \qquad (2\text{-}1\text{-}8)$$

从式（2-1-8）中可以看出，电压和电流通解的瞬时表达式实质上是余弦函数的移位。根据图 2-1-4 中规定的传输方向可以判断，电压和电流通解的瞬时表达式中第一项代表沿 z 轴负方向传输的波，即从信源向负载传输的波，称为入射波；而第二项代表沿 z 轴正方向传输的波，即从负载向信源传输的波，称为反射波。由此，可以得到如下结论：传输线任意横截面处的电压或电流都是入射波和反射波叠加的结果。可表示为式（2-1-9）。其中，$V_i(z)$，$V_r(z)$ 为入射波电压和反射波电压，$I_i(z)$，$I_r(z)$ 为入射波电流和反射波电流。

$$V(z) = Ae^{\gamma z} + Be^{-\gamma z} = V_i(z) + V_r(z)$$

$$I(z) = \frac{Ae^{\gamma z}}{Z_0} - \frac{Be^{-\gamma z}}{Z_0} = I_i(z) + I_r(z) \quad (2\text{-}1\text{-}9)$$

均匀无耗传输线电压和电流解的瞬时表达式是由入射波和反射波叠加而成，叠加的结果不同，传输线就会有不同的工作状态。无耗均匀传输线有三种不同的工作状态：行波状态、驻波状态和行驻波状态。本章第三节中将详细介绍传输线的工作状态。

第二节　传输线特性参数与状态参量

一、传输线工作特性参数

传输线工作特性参数是仅由传输线的结构和工作频率所决定的，而与信源和负载的性质无关的参数。它能够反映传输线的自身特性。上一节中求解传输线方程过程中得到的传播常数 γ 和特性阻抗 Z_0 均与传输线自身的分布参数和工作频率有关，此外描述波传播的相速和相波长两个量又与相移常数 β 有关，所以称它们为传输线的特性参数。下面详细介绍各传输线工作特性参数。

（一）传播常数 γ

传播常数是描述传输线上导行波沿波导系统传播过程中波的幅度和相位变化的量，通常为复数，由前面分析可知

$$\gamma = \sqrt{Z_1 Y_1} = \sqrt{(R_1 + j\omega L_1)(G_1 + j\omega C_1)} = \alpha + j\beta \quad (2\text{-}2\text{-}1)$$

式中：α 为衰减常数，表示传输线上导行波在单位长度上幅值的衰减情况；β 为相位常数，表示传输线上导行波在单位长度上相位的变化情况。对于无耗传输线，$R_1 = G_1 = 0$，此时则有 $\alpha = 0$，$\gamma = j\beta$，$\beta = \omega\sqrt{L_1 C_1}$。

（二）特性阻抗 Z_0

特性阻抗是分布参数电路中用来描述传输线的固有特性的物理量。它定义为传输线上入射波电压与入射波电流之比，这也是特性阻抗的物理意义。根据前面推导可知：

$$Z_0 = V_i(z)/I_i(z) = \sqrt{(R_1 + j\omega L_1)/(G_1 + j\omega C_1)} \quad (2\text{-}2\text{-}2)$$

当传输线为无耗传输线时，$R_1 = G_1 = 0$，此时 $Z_0 = \sqrt{L_1/C_1}$。

（三）相速 v_p

传输线上的相速定义为电压、电流的入射波（反射波）等相位面沿传输方向的传播速度。式（2-2-3）为等相位面的运动方程。

$$\omega t \pm \beta z = \text{const} \qquad (2\text{-}2\text{-}3)$$

式（2-2-3）两边对 t 微分可得：

$$v_p = \mp \frac{dz}{dt} = \frac{\omega}{\beta} \qquad (2\text{-}2\text{-}4)$$

传输线上的相速与自由空间中光速 c 有以下关系：

$$v_p = \frac{c}{\sqrt{\varepsilon_r}} \qquad (2\text{-}2\text{-}5)$$

（四）相波长 λ_p

相波长定义为同一瞬时相位差为 2π 的两点间的距离，用式（2-2-6）表示：

$$\lambda_p = \frac{2\pi}{\beta} \qquad (2\text{-}2\text{-}6)$$

传输线上波长与自由空间的波长有以下关系：

$$\lambda_p = \frac{2\pi}{\beta} = \frac{v_p}{f} = \frac{\lambda_0}{\sqrt{\varepsilon_r}} \qquad (2\text{-}2\text{-}7)$$

二、传输线状态参量

传输线上任意一点的电压与电流的比称为传输线在该点的阻抗，它与导波系统的状态特性有关。由于微波阻抗是不能直接测量的，只能借助于状态参量（如反射系数或驻波比）的测量而获得，为此引入反射系数、等效阻抗和驻波系数（行波系数）三个重要物理量。

（一）反射系数

反射系数分为电压反射系数和电流反射系数。其中，电压反射系数定义为传输线上任意一点 z 处的反射波电压与入射波电压之比，记作 $\Gamma(z)$，见式（2-2-8）。电流反射系数则为传输线上任意一点 z 处的反射波电流与入射波电流之比，记作 $\Gamma_I(z)$，见式（2-2-9）。

$$\Gamma(z) = \frac{V_r(z)}{V_i(z)} \qquad (2\text{-}2\text{-}8)$$

$$\Gamma_I(z) = \frac{I_r(z)}{I_i(z)} = -\frac{V_r(z)}{V_i(z)} = -\Gamma(z) \qquad (2\text{-}2\text{-}9)$$

由于电流反射系数与电压反射系数仅相差一负号，因此，只需讨论其中之一即可。通常将电压反射系数简称为反射系数，用 $\Gamma(z)$ 表示。根据式（2-2-8）和式（2-1-5）可得：

$$\Gamma(z)=\frac{V_\mathrm{r}(z)}{V_\mathrm{i}(z)}=\frac{B}{A}\mathrm{e}^{-2\gamma z}=\frac{B}{A}\mathrm{e}^{-2\alpha z}\mathrm{e}^{-\mathrm{j}2\beta z} \qquad (2\text{-}2\text{-}10)$$

若传输线为无耗传输线，则有

$$\Gamma(z)=\frac{B}{A}\mathrm{e}^{-\mathrm{j}2\beta z} \qquad (2\text{-}2\text{-}11)$$

其中，B/A 的值由负载处（$z=0$）边界条件决定，如式（2-2-12），其中，$\Gamma(0)=\Gamma_\mathrm{L}$ 代表负载处的反射系数。

$$\frac{B}{A}=\Gamma(0)=\Gamma_\mathrm{L} \qquad (2\text{-}2\text{-}12)$$

此时，传输线上任意点 z 处的反射系数为

$$\Gamma(z)=\Gamma_\mathrm{L}\mathrm{e}^{-\mathrm{j}2\beta z} \qquad (2\text{-}2\text{-}13)$$

对等式（2-2-13）两边取模值可得反射系数的第一个性质，即无耗传输线上任意观察点处反射系数的模都相等，都等于负载处反射系数的模：

$$0\leqslant|\Gamma(z)|=|\Gamma_\mathrm{L}|\leqslant 1 \qquad (2\text{-}2\text{-}14)$$

又根据式（2-2-13）可知传输线任意点处反射系数具有周期性，其周期为 $\lambda_\mathrm{p}/2$，这是反射系数的第二个性质，即二分之一波长的重复性，具体如式（2-2-15）所示。

$$\Gamma\left(z\pm n\frac{\lambda_\mathrm{p}}{2}\right)=\Gamma_\mathrm{L}\mathrm{e}^{-\mathrm{j}2\beta\left(z\pm n\frac{\lambda_\mathrm{p}}{2}\right)}=\Gamma_\mathrm{L}\mathrm{e}^{-\mathrm{j}2\cdot\frac{2\pi}{\lambda_\mathrm{p}}\cdot\left(z\pm n\frac{\lambda_\mathrm{p}}{2}\right)}=\Gamma_\mathrm{L}\mathrm{e}^{-\mathrm{j}2\cdot\frac{2\pi}{\lambda_\mathrm{p}}\cdot z}=\Gamma_\mathrm{L}\mathrm{e}^{-\mathrm{j}2\beta z}=\Gamma(z)$$

$$(2\text{-}2\text{-}15)$$

同理可以证明，反射系数除了具有二分之一波长的重复性，还具有第三个性质，即四分之一波长的反相性，具体表述为式（2-2-16）。

$$\Gamma\left[z\pm(2n+1)\frac{\lambda_\mathrm{p}}{4}\right]=-\Gamma(z) \qquad (2\text{-}2\text{-}16)$$

（二）等效阻抗

等效阻抗又称为输入阻抗。传输线上任意观察点 z 处的等效阻抗定义为该点处电压和电流的比值，其中电压和电流是 z 点处的总电压和总电流，由入射波和反射波叠加而成，即

$$Z(z)=\frac{V(z)}{I(z)}=\frac{V_\mathrm{i}(z)+V_\mathrm{r}(z)}{I_\mathrm{i}(z)+I_\mathrm{r}(z)} \qquad (2\text{-}2\text{-}17)$$

可见，$Z(z)$ 与传输线特性阻抗 Z_0 不同。对于无耗传输线，特性阻抗 Z_0 是处处相等的，但等效阻抗却是随位置 z 变化的。

一方面，如果从某个观察点处把传输线截断，把负载阻抗 Z_L 以及与它相连的传输线一起去掉，在 z 处换上一个与该处等效阻抗 $Z(z)$ 相等的阻抗来代

替这段去掉的线路，那么从观察点 z 到电源这段传输线上的电压和电流分布将不会发生变化，因此可称为等效阻抗。另一方面，如果把从观察点到负载的传输线连同负载阻抗一起看成是一个系统，观察点处就是这个系统的输入端，那么式（2-2-17）所定义的等效阻抗也就是这个系统的输入阻抗，故又可称为输入阻抗，可记作 $Z_{in}(z)$，如图 2-2-1 所示。

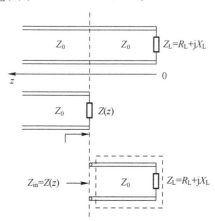

图 2-2-1 传输线的等效阻抗（输入阻抗）

根据式（2-2-17）和式（2-2-8）、式（2-2-9）可得：

$$V(z) = V_i(z) + V_r(z) = V_i(z)[1+\Gamma(z)]$$
$$I(z) = I_i(z) + I_r(z) = I_i(z)[1-\Gamma(z)]$$
（2-2-18）

代入式（2-2-17）有

$$Z(z) = Z_0 \frac{1+\Gamma(z)}{1-\Gamma(z)} \Leftrightarrow \Gamma(z) = \frac{Z(z)-Z_0}{Z(z)+Z_0}$$
（2-2-19）

特别地，当 $z=0$ 时，可以得到：

$$\Gamma(0) = \Gamma_L = \frac{Z(0)-Z_0}{Z(0)+Z_0} = \frac{Z_L-Z_0}{Z_L+Z_0}$$
（2-2-20）

以上是从反射系数的角度求等效阻抗，当然，从传输线基本方程解的角度同样可得到等效阻抗，根据传输线基本方程的通解式（2-1-9），当 $z=0$ 时：

$$A = \frac{V_L + I_L Z_0}{2} \quad B = \frac{V_L - I_L Z_0}{2}$$
（2-2-21）

此时，对于均匀无耗传输线，若将式（2-2-21）代入式（2-1-9）可得：

$$V(z) = V_L\cos(\beta z) + jI_L Z_0 \sin(\beta z)$$
$$I(z) = I_L\cos(\beta z) + j\frac{V_L}{Z_0}\sin(\beta z)$$
（2-2-22）

如此一来，等效阻抗还可以表示为

$$Z(z)=Z_0\frac{Z_L\cos(\beta z)+jZ_0\sin(\beta z)}{Z_0\cos(\beta z)+jZ_L\sin(\beta z)}=Z_0\frac{Z_L+jZ_0\tan(\beta z)}{Z_0+jZ_L\tan(\beta z)} \quad (2\text{-}2\text{-}23)$$

由于式（2-2-23）中正切函数具有周期性，因此等效阻抗也同样具有周期性，其周期为 $\lambda_p/2$，这是等效阻抗的第一个性质，即二分之一波长的重复性，如式（2-2-24）（注意与反射系数第二个性质加以比较区别）所示：

$$Z\left(z\pm n\frac{\lambda_p}{2}\right)=Z(z) \quad (2\text{-}2\text{-}24)$$

与反射系数性质类似，特性阻抗除了具有二分之一波长重复性还在四分之一波长处具有变换性，这是特性阻抗的第二个性质（应与反射系数第三个性质进行区别）。

$$Z\left[z\pm(2n+1)\frac{\lambda_p}{4}\right]=\frac{Z_0^2}{Z(z)} \quad (2\text{-}2\text{-}25)$$

特别地，当 $z=0$ 时，有

$$Z\left(\frac{\lambda_p}{4}\right)=\frac{Z_0^2}{Z_L} \quad (2\text{-}2\text{-}26)$$

式（2-2-26）说明，当传输线终端短路时，即 $Z_L=0$ 时，距终端四分之一波长处的等效阻抗为无穷大；当传输线终端开路时，即 $Z_L=\infty$ 时，距离终端四分之一波长处的等效阻抗为零。传输线等效阻抗的这个性质在天线收发开关中有很好的应用，如图 2-2-2 所示。当发射机发射大功率信号时，放电管 2 放电导通处于短路状态，经过四分之一波长在 AA' 处接收机支路开路，此时信号由发射机送入天线向外辐射，而避免将大功率信号泄漏至接收机导致接收机烧毁；当天线接收到小功率信号时，放电管 1 不放电处于断路状态，经二分之一波长后 AA' 处发射机支路断路，信号进入接收机支路被接收机接收。

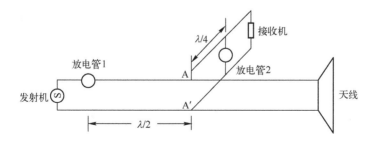

图 2-2-2　等效阻抗性质在天线收发开关中的应用

(三) 驻波系数/行波系数

驻波系数（驻波比）定义为传输线上波腹电压与波节电压的比值或波腹电流与波节电流的比值，它是表征传输线上驻波成分大小的参数，用 ρ 表示，即

$$\rho = \frac{V_{\max}}{V_{\min}} = \frac{I_{\max}}{I_{\min}} \tag{2-2-27}$$

行波系数（行波比）定义为传输线上波节电压与波腹电压的比值或波节电流与波腹电流的比值，它是表征传输线上行波成分大小的参数，用 k 表示，即

$$k = \frac{V_{\min}}{V_{\max}} = \frac{I_{\min}}{I_{\max}} \tag{2-2-28}$$

根据式（2-2-18），传输线上波腹电压（电流）和波节电压（电流）与反射系数有关，即

$$\Gamma(z) = \frac{V_r(z)}{V_i(z)} = \frac{|V_r(z)|\mathrm{e}^{\mathrm{j}\phi_r}}{|V_i(z)|\mathrm{e}^{\mathrm{j}\phi_i}} = \frac{|V_r(z)|}{|V_i(z)|}\mathrm{e}^{\mathrm{j}(\phi_r-\phi_i)} \tag{2-2-29}$$

由于传输线上电压（电流）是由入射波电压（电流）和反射波电压（电流）叠加而成的，因此电压（电流）最大值位于入射波和反射波相位相同处，即 $\Gamma(z) = |\Gamma|$，而最小值位于入射波和反射波相位相反处，即有 $\Gamma(z) = -|\Gamma|$。

由此可得：

$$\begin{aligned} V_{\max} &= |V_i|(1+|\Gamma|) \\ V_{\min} &= |V_i|(1-|\Gamma|) \\ I_{\max} &= |I_i|(1+|\Gamma|) \\ I_{\min} &= |I_i|(1-|\Gamma|) \end{aligned} \tag{2-2-30}$$

于是驻波系数和行波系数可表示为式（2-2-31），其中驻波系数 $\rho \geq 1$，行波系数 $k \leq 1$。

$$\begin{aligned} \rho &= \frac{1+|\Gamma|}{1-|\Gamma|} \\ k &= \frac{1-|\Gamma|}{1+|\Gamma|} \end{aligned} \tag{2-2-31}$$

根据均匀无耗传输线上反射系数的模处处相等的性质，可以得到整个传输线上驻波系数和行波系数也处处相等，且驻波系数和行波系数互为倒数，即 $\rho = 1/k$。

第三节 传输线工作状态

对于无耗传输线,负载阻抗不同,则波的反射也不同;反射波不同,则合成波不同,合成波的不同意味着传输线有不同的工作状态。归纳起来,无耗传输线有三种不同的工作状态:行波状态、驻波状态和行驻波状态。

一、行波状态(匹配状态)

行波状态就是无反射的传输状态,负载阻抗等于传输线的特性阻抗,即 $Z_L=Z_0$,也可称此时的负载为匹配负载。现将 $Z_L=Z_0$ 代入到式(2-2-21)可得:

$$A = \frac{V_L + I_L Z_0}{2} = \frac{I_L(Z_L + Z_0)}{2} = I_L Z_L = V_L$$
$$B = \frac{V_L - I_L Z_0}{2} = \frac{I_L(Z_L - Z_0)}{2} = 0 \tag{2-3-1}$$

根据均匀传输线方程的解式(2-1-9)可知,当 $A \neq 0$,$B=0$ 时,说明传输线上不存在反射波,只存在从电源向负载方向传输的入射波。此时传输线上任意一点的反射系数 $|\varGamma(z)|=|\varGamma_L|=0$。驻波系数 $\rho=1$,行波系数 $k=1$。

二、驻波状态(全反射状态)

驻波状态就是全反射状态,即传输线上入射波在终端被全部反射,入射波等于反射波。实现驻波状态的条件必须是终端负载阻抗为短路($Z_L=0$)、开路($Z_L=\infty$)或纯电抗($Z_L=jX_L$)三种情况之一。

(一)终端负载短路

当终端负载短路时,意味着 $Z_L=0$,$V_L=0$,此时根据式(2-2-21)可得:

$$A = \frac{I_L Z_0}{2}$$
$$B = -\frac{I_L Z_0}{2} \tag{2-3-2}$$

式(2-3-2)还可表示为 $|A|=|B|$,根据均匀传输线方程的解式(2-1-9)可知,当 $|A|=|B|$ 时,表明无耗传输线上负载处反射波电压与入射波电压等幅、反相,形成全反射状态。

(二) 终端负载开路

当终端负载开路时，意味着 $Z_L \to \infty$，$I_L = 0$，此时根据式（2-2-21）可得：

$$A = B = \frac{V_L}{2} \tag{2-3-3}$$

式（2-3-3）仍可表示为 $|A| = |B|$，根据均匀传输线方程的解式（2-1-9）可知，当 $|A| = |B|$ 时，表明无耗传输线上负载处反射波电压与入射波电压等幅、反相，形成全反射状态。

(三) 终端负载为纯电抗

当终端负载为纯电抗时，意味着 $Z_L = jX_L$，$V_L = jX_L I_L$，此时根据式（2-2-21）可得：

$$A = \frac{I_L}{2}(jX_L + Z_0) = \frac{I_L}{2}\sqrt{Z_0^2 + X_L^2}\, e^{j\varphi_A}$$
$$B = \frac{I_L}{2}(jX_L - Z_0) = \frac{I_L}{2}\sqrt{Z_0^2 + X_L^2}\, e^{j\varphi_B} \tag{2-3-4}$$

式（2-3-4）依然可表示为 $|A| = |B|$，根据均匀传输线方程的解式（2-1-9）可知，当 $|A| = |B|$ 时，表明无耗传输线上负载处反射波电压与入射波电压等幅、反相，形成全反射状态。

此时传输线上任意一点的反射系数 $|\varGamma(z)| = |\varGamma_L| = 1$，驻波系数 $\rho = \infty$，行波系数 $k = 0$。整个传输线上没有行波成分，处处都是简谐振动，不能用于微波功率的传输。传输线上电场与磁场之间不断交换能量，因此驻波状态也不能用于能量传输。

三、行驻波状态（部分反射状态）

当信号源入射的电磁波功率一部分被终端负载吸收，另一部分被反射时，此时传输线上的波可以分解成行波与驻波之和，构成混合波状态，故称为行驻波状态，也称为部分反射状态。实现行驻波状态的条件是微波传输线终端接任意复数阻抗负载，即 $Z_L = R + jX_L$。

当终端负载接任意复数阻抗时，意味着 $Z_L = R + jX_L$，$V_L = I_L Z_L = I_L(R_L + jX_L)$，此时根据式（2-2-21）可得：

$$A = \frac{I_L[(R_L + Z_0) + jX_L]}{2} = |A|e^{j\varphi_A}$$
$$B = \frac{I_L[(R_L - Z_0) + jX_L]}{2} = |B|e^{j\varphi_B} \tag{2-3-5}$$

显然，由式（2-3-5）可知，$|A|>|B|$，根据均匀传输线方程的解式（2-1-9）可知，当$|A|>|B|$时，表明无耗传输线上反射波电压小于入射波电压，到达负载的能量有一部分被吸收，剩余部分被反射，形成部分反射状态。此时传输线上任意一点的反射系数$0<|\Gamma(z)|=|\Gamma_L|<1$，驻波系数$1<\rho<\infty$，行波系数$0<k<1$。

小　　结

本章首先给出了微波传输线的定义、类别及其分析方法；接着讨论均匀传输线基本方程及其解，利用"化场为路"的研究方法将传输线中电场和磁场等效成电压和电流进行分析，根据基尔霍夫定律建立波动方程，得到波动方程的通解，并描述了波动方程通解的物理意义；此外，本章还讨论了均匀传输线的特性参数（传播常数、特性阻抗、相速和相波长）、状态参量（反射系数、等效阻抗和驻波系数/行波系数）以及传输线工作状态（行波、驻波、行驻波），着重讨论了无耗传输线的状态参量之间的关系、传输线终端不同负载与传输线工作状态的关系以及三种状态下的状态参量，得到了无耗传输线的反射系数具有四分之一波长反相性和二分之一波长重复性，等效阻抗具有四分之一波长变换性和二分之一波长重复性的重要性质。

复习思考题

1. 简述传输线的基本定义、分类。
2. 写出均匀无耗传输线基本方程及其解，并解释其解的物理意义。
3. 比较传输线特性阻抗、反射系数和等效阻抗的区别。
4. 总结归纳传输线三种工作状态、实现条件以及各状态参量。
5. 一根特性阻抗为50Ω、长度为0.1875m的无耗均匀传输线，其工作频率为200MHz，终端接有负载$Z_L=40+j30(\Omega)$，试求其输入阻抗（传输线填充介质为空气）。
6. 简述图2-2-1中等效阻抗相关性质在天线收发开关工作过程中的原理。
7. 有一填充介质为空气的传输线长度为10cm，当信号频率为937.5MHz时，此传输线是长线还是短线？当信号频率为6MHz时，此传输线是长线还是短线？
8. 在一填充介质为空气的均匀无耗传输线上，信号源的工作频率为6GHz，特性阻抗$Z_0=100\Omega$，终端接负载阻抗$Z_L=75+j100\Omega$，试求：

(1) 传输线上的驻波系数 ρ；

(2) 离终端 2.5cm 处的反射系数；

(3) 离终端 1.25cm 处的输入阻抗。

9. 有一特性阻抗 $Z_0 = 50\Omega$ 的无耗均匀传输线，导体间媒质参数 $\varepsilon_r = 2.25$，终端接有 $Z_L = 1\Omega$ 的负载。当 $f = 100\text{MHz}$ 时，其电长度为 0.25，试求：

(1) 传输线的实际长度；

(2) 负载终端反射系数；

(3) 输入端反射系数；

(4) 输入端阻抗；

(5) 传输线驻波比并判断传输线工作状态。

第三章 常见微波传输线

本书第二章主要从微波传输线的共性角度入手进行讲解,但由于传输线种类较多,每种传输线都具有自身独特性,因此本章则是从传输线个性角度进行介绍。首先根据规则波导传输系统中电场和磁场的方向性对导行波进行分类;而后着重讨论几种常见微波传输线(同轴线、矩形波导、圆波导)的场结构和传输特性;最后介绍波导的激励方法。

第一节 导行波分类

微波传输线是用以传输微波信息和能量的各种形式传输系统的总称,它的作用是引导电磁波沿着一定方向传输,因此又称为波导系统或导波系统,其所导引的电磁波称为导行波。

导行波的波形是指能够单独在导波系统中存在的电磁场结构形式,也称为传输模式。由于导行波中可能存在电场和磁场的横向或纵向分量,根据导行波中是否存在纵向场分量,可将导行波分为以下三类。

一、横电磁波(TEM 波)

导行波既无纵向电场又无纵向磁场($E_z=0$,$H_z=0$),只有横向电场和横向磁场,故称为横电磁波,简称 TEM 波。例如,平行双导线的导行波传输模式即为 TEM 波,如图 3-1-1 所示,实线代表电场,虚线代表磁场,显然图中导行波只存在横向电场和横向磁场,而没有纵向电场和纵向磁场。

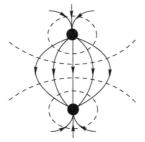

图 3-1-1 平行双导线的导行波传输模式

二、横磁波（TM 波/E 波）

横磁波的传输模式特征为导行波没有纵向磁场（$E_z \neq 0$，$H_z = 0$），因此称为横磁波，简称 TM 波。

三、横电波（TE 波/H 波）

横电波的传输模式特征为导行波没有纵向电场（$E_z = 0$，$H_z \neq 0$），因此称为横电波，简称 TE 波。

导行波在传输过程中往往具有多种传输模式混合传输的情况，如图 3-1-2 所示，这会导致传输信息失真，因此我们希望传输线仅进行单模传输。而导行波能够进行某种模式传播的条件是传输线的工作波长小于某种传输模式的截止波长，即 $\lambda < \lambda_c$，对于不同传输线，其截止波长 λ_c 的计算方法不同（本章第二、三节会介绍同轴线和矩形波导截止波长的计算）。因此，就图 3-1-2 这种情况，如进行单模（主模）传输，则传输线的工作波长应满足 $\lambda_2 < \lambda < \lambda_3$。

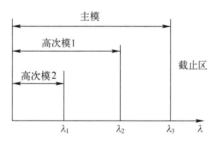

图 3-1-2 导行波中多种传输模式

第二节 同 轴 线

同轴线是一种典型的双导体传输系统，它是由内、外同轴的两导体柱构成，中间为支撑介质，最外层为绝缘护套，如图 3-2-1 所示。其中，内、外半径分别为 a 和 b，填充介质的磁导率和介电常数分别为 μ 和 ε。同轴线是微波技术中最常见的 TEM 模传输线，分为硬、软两种结构。硬同轴线是以圆柱形铜棒作为内导体，同心的铜管作为外导体，内、外导体间用介质支撑，这种同轴线也称为同轴波导。软同轴线的内导体一般采用多股铜丝，外导体是铜丝网，在内、外导体间用介质填充，外导体网外有一层橡胶保护壳，这种同轴线又称为同轴电缆。

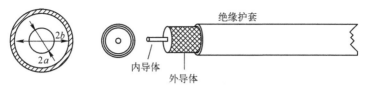

图 3-2-1　同轴线结构图

同轴线传输的主模式是 TEM 波，其场结构图如图 3-2-2 所示。但从场的观点看，同轴线的边界条件，既可以支持 TEM 波，也可以支持 TE 波和 TM 波传输，究竟哪些波能在同轴线中传输，还决定于同轴线的尺寸和电磁波的频率。

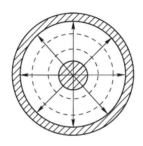

图 3-2-2　同轴线 TEM 模场结构图

同轴线是一种宽频带微波传输线，当其工作波长大于 10cm 时，矩形波导和圆波导都显得尺寸过大而笨重，然而同轴线却不会。同轴线的特点之一是可以从直流一直工作到毫米波波段，因此其主模 TEM 模的截止波长较长，电磁波的工作频率一般情况下都小于 TEM 模的截止波长。但在同轴线的各种传输模式中，除了主模 TEM 模外，截止波长最长的高次模为 TE_{11} 模，其截止波长为 $\lambda_{c(TE_{11})} = \pi(a+b)$。根据导行波的传输条件可知，为保证同轴线 TEM 模单模传输，其工作波长和同轴线尺寸应满足以下关系：

$$\lambda_{min} > \lambda_{c(TE_{11})} = \pi(a+b) \tag{3-2-1}$$

由于同轴线的工作频带较宽，因此无论在微波整机系统、微波测量系统或微波元件中，同轴线都得到了广泛的应用。实际使用的同轴线其特性阻抗一般有 50Ω 和 75Ω 两种。50Ω 的同轴线兼顾了耐压、功率容量和衰减的要求，是一种通用型同轴传输线；75Ω 的同轴线是衰减最小的同轴线，主要用于远距离传输。工程上，相同特性阻抗的同轴线也有不同的规格，如 75-5、75-9（75 代表 75Ω，"-5" 代表外导体直径为 5mm）。一般来说，电缆越粗其衰减越小。

同轴线单位长度上的分布电阻、分布电感、分布漏电导和分布电容分别为

$$R_1 = \sqrt{\frac{f\mu}{\pi\sigma}}\left(\frac{1}{2a}+\frac{1}{2b}\right), \quad L_1 = \frac{\mu}{2\pi}\ln\frac{b}{a}$$

$$G_1 = \frac{2\pi\gamma}{\ln\dfrac{b}{a}}, \quad\quad C_1 = \frac{2\pi\varepsilon}{\ln\dfrac{b}{a}} \tag{3-2-2}$$

式中：μ，ε 和 γ 分别为同轴线填充介质的磁导率、介电常数和漏电导率；σ 为同轴线导体的电导率；V_1 和 b 分别为同轴线内导体的半径和外导体的内半径。

第三节 矩 形 波 导

矩形波导是应用最广泛的一种导波系统，其结构如图 3-3-1 所示。通常由金属材料制成，矩形截面，截面的宽边尺寸为 a，窄边尺寸为 b，内部填充空气。矩形波导中只存在 TE 波和 TM 波。

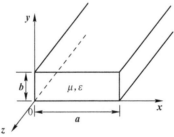

图 3-3-1 矩形波导及其坐标

矩形波导中 TE 波（$E_z=0, H_z\neq 0$）的场分量可表示为

$$\begin{cases} H_x = \sum\limits_{m=0}^{\infty}\sum\limits_{n=0}^{\infty} \dfrac{j\beta}{k_c^2}\left(\dfrac{m\pi}{a}\right) H_{mn} \sin\left(\dfrac{m\pi}{a}x\right)\cos\left(\dfrac{n\pi}{b}y\right) e^{-j\beta z} \\[2mm] H_y = \sum\limits_{m=0}^{\infty}\sum\limits_{n=0}^{\infty} \dfrac{j\beta}{k_c^2}\left(\dfrac{n\pi}{b}\right) H_{mn} \cos\left(\dfrac{m\pi}{a}x\right)\sin\left(\dfrac{n\pi}{b}y\right) e^{-j\beta z} \\[2mm] H_z = \sum\limits_{m=0}^{\infty}\sum\limits_{n=0}^{\infty} H_{mn} \cos\left(\dfrac{m\pi}{a}x\right)\cos\left(\dfrac{n\pi}{b}y\right) e^{-j\beta z} \\[2mm] E_x = \sum\limits_{m=0}^{\infty}\sum\limits_{n=0}^{\infty} \dfrac{j\omega\mu}{k_c^2}\left(\dfrac{n\pi}{b}\right) H_{mn} \cos\left(\dfrac{m\pi}{a}x\right)\sin\left(\dfrac{n\pi}{b}y\right) e^{-j\beta z} \\[2mm] E_y = \sum\limits_{m=0}^{\infty}\sum\limits_{n=0}^{\infty} \dfrac{-j\omega\mu}{k_c^2}\left(\dfrac{m\pi}{a}\right) H_{mn} \sin\left(\dfrac{m\pi}{a}x\right)\cos\left(\dfrac{n\pi}{b}y\right) e^{-j\beta z} \\[2mm] E_z = 0 \end{cases} \tag{3-3-1}$$

矩形波导中 TM 波（$E_z \neq 0, H_z = 0$）的场分量可表示为

$$\begin{cases} E_x = \sum_{m=1}^{\infty}\sum_{n=1}^{\infty} -\frac{j\beta}{k_c^2}\left(\frac{m\pi}{a}\right)E_{mn}\cos\left(\frac{m\pi}{a}x\right)\sin\left(\frac{n\pi}{b}y\right)e^{-j\beta z} \\ E_y = \sum_{m=1}^{\infty}\sum_{n=1}^{\infty} -\frac{j\beta}{k_c^2}\left(\frac{n\pi}{b}\right)E_{mn}\sin\left(\frac{m\pi}{a}x\right)\cos\left(\frac{n\pi}{b}y\right)e^{-j\beta z} \\ E_z = \sum_{m=1}^{\infty}\sum_{n=1}^{\infty} E_{mn}\sin\left(\frac{m\pi}{a}x\right)\sin\left(\frac{n\pi}{b}y\right)e^{-j\beta z} \\ H_x = \sum_{m=1}^{\infty}\sum_{n=1}^{\infty} \frac{j\omega\varepsilon}{k_c^2}\left(\frac{n\pi}{b}\right)E_{mn}\sin\left(\frac{m\pi}{a}x\right)\cos\left(\frac{n\pi}{b}y\right)e^{-j\beta z} \\ H_y = \sum_{m=1}^{\infty}\sum_{n=1}^{\infty} -\frac{j\omega\varepsilon}{k_c^2}\left(\frac{m\pi}{a}\right)E_{mn}\cos\left(\frac{m\pi}{a}x\right)\sin\left(\frac{n\pi}{b}y\right)e^{-j\beta z} \\ H_z = 0 \end{cases} \quad (3\text{-}3\text{-}2)$$

式中：$k_c = \sqrt{\left(\frac{m\pi}{a}\right)^2 + \left(\frac{n\pi}{b}\right)^2}$ 为矩形波导 TE_{mn} 模和 TM_{mn} 模的截止波数，显然它与波导尺寸、传输波形有关。

m 和 n 分别代表波沿着 x 方向和 y 方向分布的半波个数，一组 m、n 对应一种传输模式。在 TE 模中，m 和 n 不能同时为零，否则场分量全部为零，因此矩形波导能够存在 TE_{m0} 模和 TE_{0n} 模以及 TE_{mn}（m、n 均不为零）模，其中 TE_{10} 模是最低次模，其余称为高次模。在 TM 模中，m 和 n 同样不能同时为零，且 TM_{11} 模是矩形波导 TM 波的最低次模，其他均为高次模。每种传输模式的截止波长与截止波数有关，因此 TE_{mn} 模和 TM_{mn} 模的截止波长为

$$\lambda_c = \lambda_{cTE_{mn}} = \lambda_{cTM_{mn}} = \frac{2\pi}{k_c} = \frac{2}{\sqrt{(m/a)^2 + (n/b)^2}} \quad (3\text{-}3\text{-}3)$$

截止波长就是当传播常数 $\gamma = 0$ 时的信号波长。当信号在介质内的波长等于截止波长时，电磁波不能沿波导传输，只是在横截面内振荡，称为波的临界状态；当信号波长大于截止波长时，$\beta = 0$，$\gamma = \alpha$，此时波沿波导很快地衰减，不能传输，称为波的截止状态；当信号波长小于截止波长时，$\gamma = j\beta$，$\alpha = 0$，此时波沿波导无衰减地传输，只有相移，称为波的传输状态。

根据导行波传输能够进行某种模式传播的条件 $\lambda < \lambda_c$，当工作波长 λ 小于某个模的截止波长 λ_c 时，此模式可在波导中传输，称为传导模；当工作波长 λ 大于某个模的截止波长 λ_c 时，此模式在波导中不能传输，称为截止模。一个模能否在波导中传输取决于波导结构和工作频率（或波长）。对相同的 m 和 n，TE_{mn} 模和 TM_{mn} 模具有相同的截止波长，故又称为简并模，虽然它们场分布不

同，但具有相同的传输特性。图 3-3-2 给出了标准矩形波导各模式截止波长分布图。

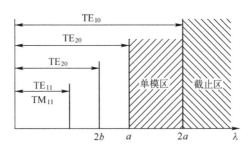

图 3-3-2 矩形波导各模式截止波长分布图

对矩形波导，若 $a>2b$，为扁波导；若 $a<2b$，为高波导；若 $a=2b$ 为标准波导，工程上为了减小体积，减轻重量，一般选用 $a>2b$ 的扁波导。此时，矩形波导的主模为 TE_{10} 模，单模传输条件为 $a<\lambda<2a$。若不考虑矩形波导为扁波导还是高波导，则矩形波导的单模传输条件为 $\max(a,2b)<\lambda<2a$。

矩形波导的主模为 TE_{10} 模，该模式具有场结构简单、稳定、频带宽和损耗小等特点，因此在工程上矩形波导几乎毫无例外地工作在 TE_{10} 模，图 3-3-3 为 TE_{10} 模的场分布图。图中可以看出，电场的方向垂直于波导宽臂，平行于波导窄臂；而磁力线为闭合曲线，呈"跑道"形状，平行于波导宽壁。

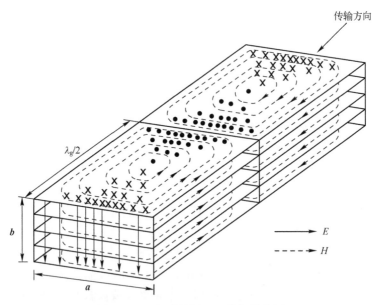

图 3-3-3 矩形波导 TE_{10} 模场分布图

第四节 圆 波 导

若将同轴线的内导体抽走，则在一定条件下，由外导体所包围的圆形空间也能传输电磁能量，这就是圆波导，如图 3-4-1 所示，其中 a 为圆波导横截面半径，内部填充空气。圆波导具有加工方便、双极化、低损耗等优点，广泛应用于远距离通信、微波圆形谐振器等，是一种较为常见的规则金属波导。

与矩形波导一样，圆波导也只能传输 TE 波（H 波）和 TM（E 波）波，但与矩形波导不同的是，横截面内半径为 a 的圆波导 TM_{mn} 模的截止波长为

$$\lambda_{c(TM_{mn})} = \frac{2\pi a}{p_{mn}} (m=0,1,2,\cdots;n=1,2,\cdots) \qquad (3-4-1)$$

式中：a 为圆波导半径；p_{mn} 为 m 阶贝塞尔函数的第 n 个根。而 TE_{mn} 模的截止波长为

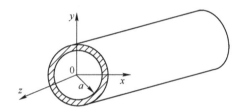

图 3-4-1 圆波导及其坐标

$$\lambda_{c(TE_{mn})} = \frac{2\pi a}{p'_{mn}} (m=0,1,2,\cdots;n=1,2,\cdots) \qquad (3-4-2)$$

式中：p'_{mn} 为 m 阶贝塞尔函数的第 n 个根。对于两种波型模式来说，因为第二个下标 n 代表的是贝塞尔函数及其导函数根的序号，因此不能等于零。

圆波导各模式截止波长分布如图 3-4-2 所示。由图可知，圆波导的主模为 TE_{11} 模，其单模传输条件为 $2.62a<\lambda<3.41a$。

在主模 TE_{11} 模单模传输情况下，圆波导的场结构图如图 3-4-3 所示。

从图（3-4-3）中可以看出，圆波导 TE_{11} 模的场结构与矩形波导 TE_{10} 模的场结构非常相似，两者只是由于横截面形状发生变化，电磁场为满足边界条件而发生了相应变化。因此工程上容易通过矩形波导的横截面逐渐过渡变为圆波导，它们之间的波形转换很方便，从而构成方圆波导变换器，如图 3-4-4 所示。为了使电磁能量在两波导之间有效地转换，要求两波导内工作模式的截止波长相同，即变换条件应满足：

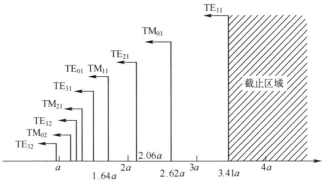

图 3-4-2 圆波导各模式截止波长分布图

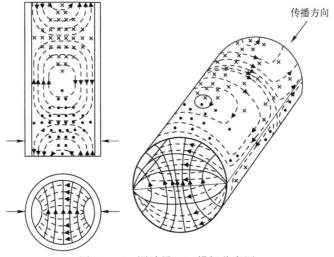

图 3-4-3 圆波导 TE_{11} 模场分布图

$$\lambda_{c(TE_{10})} = 2a = \lambda_{c(TE_{11})} = 3.41R \qquad (3-4-3)$$

其中，为区别矩形波导宽边 a 与圆波导半径 a，式（3-4-3）中，用 R 代替圆波导半径 a。

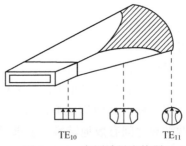

图 3-4-4 方圆波导变换器

36

第五节 激励与耦合

前面分析了规则金属波导中可能存在的电磁场的各种模式。那么，如何在波导中产生这些导行模，这就涉及波导的激励。另一方面，要从波导中提取微波信息，即耦合。波导的激励和耦合就本质而言是电磁波的辐射和接收，是微波源向波导内有限空间的辐射或在波导的有限空间内接收微波信息。由于辐射和接收是互易的，因此激励与耦合具有相同的场结构，所以我们只介绍波导的激励。严格地用数学方法来分析波导的激励问题比较困难，这里仅定性地对这一问题作以说明。常用的波导激励方法通常有探针电激励和小环磁激励两种。

一、探针电激励

探针电激励是将同轴线内的导体延伸一小段，沿电场方向插入矩形波导内，构成探针激励，如图 3-5-1 所示，为探针在矩形波导中激励 TE_{10} 波的装置。将同轴线一端的内导体探出部分（探针）插入到波导中 TE_{10} 波的电场最强处——宽边中央 $a/2$ 处，同轴线的另一端接微波信号源。同轴线中传输的是 TEM 波，内、外导体中有反向交流电流，其中内导体端上的交变电流在波导中产生交变电场，其横向场分布如左图所示。在这种装置中若不采取附加措施则探针在波导纵向两端都将激起电磁波，因此，需在其中一纵向端加一短路活塞，将传向该端的波反射到另一纵向端，如右图所示。通过调节短路活塞位置及探针插入深度可使同轴线与波导之间得到良好的匹配。

由于这种激励类似于电偶极子的辐射，故称为电激励。在探针附近，由于电场强度会有 E_z 分量，电磁场分布会与 TE_{10} 模有所不同，而必然有高次模被激发。但当波导尺寸只允许主模传输时，激发起的高次模随着探针位置的远离快速衰减，因此不会在波导内传播。

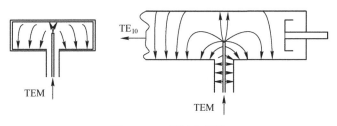

图 3-5-1 探针电激励

二、小环磁激励

磁激励的方法之一是将同轴线的内导体弯成一个小圆环,如图 3-5-2 所示。同轴线与微波振荡源相连接时,其内导体做成的小圆环上流过的高频电流便会产生交变磁场,其磁力线是穿过小环面的闭合线。将此小圆环放在波导中所需模式磁场最强处并使所需模式的磁力线与环面垂直。当同轴线与微波振荡源相连接时,其内导体做成的小圆环上流过的高频电流便会在波导中产生交变磁场,而由这交变磁场所产生的交变电场则与磁场交链垂直落在上下壁表面上,这样的电磁场分布恰好与矩形波导中的 TE_{10} 模相吻合,故可以激励起 TE_{10} 波。图中所示的结构均可在矩形波导中激励起 TE_{10} 波。

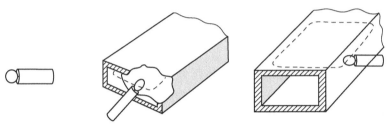

图 3-5-2 小环磁激励

小　　结

本章首先介绍了波导系统和导行波的定义,并根据导行波中是否存在纵向场分量将导行波分为 TEM 波、TE 波和 TM 波;给出了同轴线的基本定义、分类、性质、单模传输条件和传输特性;明确了矩形波导中 TE 波和 TM 波的场表达式,分析了模式传输条件(工作波长小于对应模式的截止波长),着重对矩形波导的主模 TE_{10} 模及传输特性(截止波数及截止波长)等进行了讨论,并分析了矩形波导的尺寸选择原则;然后讨论了圆波导的性质、单模传输条件以及方圆波导变换器;最后介绍了波导的激励与耦合的两种常见方法——探针电激励和小环磁激励,指出了激励与耦合的互易性。

复习思考题

1. 简述导行波的分类,每种模式的电场磁场有什么特点?
2. 分别说明同轴线、矩形波导以及圆波导的主模传输模式,并给出主模传输条件。

3. 某矩形波导尺寸为 $a=8\text{cm}$，$b=4\text{cm}$，试求工作频率在 3GHz 时该波导能传输的模式。

4. 某矩形波导的横截面尺寸为 $a=22.86\text{mm}$，$b=10.16\text{mm}$，将自由空间波长为 20mm、30mm 和 50mm 的信号接入此波导，能否传输？若能，可以出现哪些传输模式？

5. 已知工作波长为 8mm，信号通过尺寸为 $a=7.112\text{mm}$，$b=3.556\text{mm}$ 的矩形波导，现转换到圆波导传输 TE_{11} 模，试求圆波导直径。

6. 已知矩形波导尺寸为 $a=23\text{mm}$，$b=10\text{mm}$，内充空气，求其传输模单模工作波长，并画出其单模工作时波导内场结构分布图。

第四章 微波网络基础

研究微波系统的方法通常可分为两大类：一类是电磁场理论的方法，它是应用麦克斯韦方程组，结合系统边界条件，求解出系统中电磁场的空间分布，从而得出其工作特性的；另一类是微波网络理论的方法，它是把一个微波系统用一个网络来等效，从而把一个本质上是电磁场的问题化为一个网络的问题，然后利用网络理论来进行分析，求解出系统各端口间信号的相互关系。电磁场理论的方法是严格的，原则上是普遍适用的，但是其数学运算较繁，仅对于少数具有规则边界和均匀介质填充的问题才可严格求解。网络理论的方法是近似的，它采用网络参量来描述网络的特性，仅能得出系统的外部特性，而不能得出系统内部区域的电磁场分布。采用这种方法的优点是网络参量可以测定，且对大多数读者来说，网络理论比电磁场理论更容易被理解和掌握。实际上，电磁场理论、网络理论及实验测量三者是相辅相成的，实际中应根据所研究的对象，选取适当的研究方法。

前面章节介绍了多种规则的传输系统，并通过场的分析法得到其传输特性，然而在实际微波应用系统中，除了有规则传输系统外，还包含具有独立功能的各种微波元件，比如谐振元件、阻抗匹配元件、耦合元件等，从而引入不均衡性。但实际中，不需要了解这些元件的内部场结构，只关心它对传输系统工作状态的影响，此时可使用微波网络理论。本章着重介绍微波网络分析基础，给出线性网络的各种矩阵参量，然后对二端口网络的工作特性参量进行分析，最后介绍多口网络的散射矩阵特性。

第一节 微波网络概述

一、微波网络基本思想

在微波系统的实际应用中，除了像矩形波导、圆波导这些规则传输系统外，还包括许多功能性微波元器件（如谐振元件、匹配元件、耦合元件等），这些元件的边界形状与规则传输线不同，从而会在传输系统中引起不均匀性。这些不均匀性在传输系统中除了产生主模的反射与透射外，还会引起高次模,严格分析起来必须用场的分析方法,但由于实际微波元件的边界条件一般都比较复杂,用场的分析法往往十分复杂,有时甚至不太可能。此外,在实际分析中,往往不需要了解元器件的内部场结构,而只关心它对传输系统工作状态的影响。微波网络正是在分析场分布的基础上,用路的分析方法将微波元件等效为电抗或电阻元件,将实际的波导传输系统等效为传输线,从而将实际的微波系统简化为微波网络。尽管用"路"的分析法只能得到元件的外部特性,但它却可以给出系统的一般传输特性,而这些结果可以通过实际测量的方法来验证。另外还可以根据微波元件的工作特性综合出所求的微波网络,从而用一定的微波结构实现它,这就是微波网络的基本思想。那如何将微波系统等效成微波网络呢?任何微波系统或元件都可看作是由某些边界封闭的不均匀区和几路与外界相连的微波均匀传输线所组成的。所谓不均匀区就是指与均匀传输线具有不同边界或不同介质填充的区域,如波导中出现的膜片、金属杆、阶梯、拐角等。如图 4-1-1 所示,在不均匀区域 V 及其邻近区域 V_1、V_2 中,为了满足其不规则的边界条件,其电磁场分布是非常复杂的。在 V_1、V_2 中可以表示为多种传输模式的某种叠加,但是由于在均匀传输线中通常只允许传输单一模式,而所有其他高次模都将被截止,从而在远离不均匀区的传输线远区 W_1、W_2 中就只剩有单一工作模式的传输波,由此可把微波系统等效为微波网络。

将微波系统转换为微波网络的基本步骤如下:

(1) 选定微波系统与外界相连接的参考面,它应是单模均匀传输的横截面(在远区);

(2) 把参考面以内的不均匀区等效为微波网络;

(3) 把参考面以外的单模均匀传输线等效为平行双线。

微波传输系统的不均匀性及其等效网络如图 4-1-1 所示。图中,V 部分代表波导系统中的不均匀性,N 代表等效微波网络。需要注意的是,网络参考面一经选定,网络的所有参量都是对于这个选定的参考面而定的,如果改变参考面,则网络的各参量也随之一起改变,网络将变成另外一个网络。

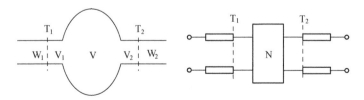

图 4-1-1 微波传输系统的不均匀性及其等效网络

二、微波网络的分类

微波元件种类繁多，可以从不同角度对微波网络进行分类。若按网络特性进行分类，则可分成以下几种。

（一）线性与非线性微波网络

若微波网络参考面上的模式（或称等效）电压和电流呈线性关系，网络方程便是一组线性方程，这种网络就称为线性微波网络，否则称为非线性微波网络。

（二）互易与非互易（或可逆与非可逆）微波网络

填充有互易媒质的微波元件，其对应的网络称为互易微波网络，否则称为非互易微波网络。各向同性媒质就是互易媒质，微波铁氧体材料为非互易媒质。

（三）有耗与无耗微波网络

根据微波无源元件内部有无损耗，将其等效的微波网络分为有耗与无耗微波网络两种。严格地说，任何微波元件均有损耗，但当损耗很小时，以致损耗可以忽略而不影响该元件的特性时，就可以认为是无耗微波网络。

（四）对称与非对称微波网络

如果微波元件的结构具有对称性，则称为对称微波网络，否则称为非对称微波网络。

第二节　微波网络参量

在各种微波网络中，双端口微波网络是最基本的。在选定的网络参考面上，定义出每个端口的电压和电流后，由于线性网络的电压和电流之间是线性关系，故选定不同的自变量和因变量，可以得到不同的线性组合。这些不同变量的线性组合可以用不同的网络参数来表征，主要有阻抗参量、导纳参量和转移参量。若选定网络参考面上，定义的不是每个端口的电压和电流，而是归一化的入射波和反射波，此时就定义出新的网络参数——散射参量和传输参量。

一、阻抗参量（Z）

由前述分析可知，当波导系统中插入不均匀体时，会在该系统中产生反射和透射，从而改变原有的传输分布，并可能激起高次模，但由于将参考面设置在距离不均匀体较远的远区，因此高次模的影响可以忽略，于是可等效为图 4-2-1 所示的双端口网络。

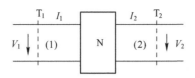

图 4-2-1 二端口网络电压、电流示意图

设参考面 T_1 处的电压和电流分别为 V_1 和 I_1，而参考面 T_2 处的电压和电流分别为 V_2、I_2。现取 I_1、I_2 为自变量，V_1、V_2 为因变量，则对线性网络有

$$\begin{cases} V_1 = Z_{11}I_1 + Z_{12}I_2 \\ V_2 = Z_{21}I_1 + Z_{22}I_2 \end{cases} \quad (4-2-1)$$

写成矩阵形式为

$$\begin{bmatrix} V_1 \\ V_2 \end{bmatrix} = \begin{bmatrix} Z_{11} & Z_{12} \\ Z_{21} & Z_{22} \end{bmatrix} \begin{bmatrix} I_1 \\ I_2 \end{bmatrix} \quad (4-2-2)$$

其中：Z_{11}、Z_{22} 分别为端口 1 和端口 2 的自阻抗，Z_{12}、Z_{21} 分别为端口 1 和端口 2 的互阻抗。各阻抗参量的定义如下。

$Z_{11} = \dfrac{V_1}{I_1}\bigg|_{I_2=0}$ 为端口 2 开路时，端口 1 的输入阻抗。

$Z_{12} = \dfrac{V_1}{I_2}\bigg|_{I_1=0}$ 为端口 1 开路时，端口 2 至端口 1 的转移阻抗。

$Z_{21} = \dfrac{V_2}{I_1}\bigg|_{I_2=0}$ 为端口 2 开路时，端口 1 至端口 2 的转移阻抗。

$Z_{22} = \dfrac{V_2}{I_2}\bigg|_{I_1=0}$ 为端口 1 开路时，端口 2 的输入阻抗。

二、导纳参量（Y）

如图 4-2-1 所示的双端口网络，若以 V_1、V_2 为自变量，I_1、I_2 为因变量，则可得到另一组方程：

$$\begin{cases} I_1 = Y_{11}V_1 + Y_{12}V_2 \\ I_2 = Y_{21}V_1 + Y_{22}V_2 \end{cases} \quad (4-2-3)$$

写成矩阵形式为

$$\begin{bmatrix} I_1 \\ I_2 \end{bmatrix} = \begin{bmatrix} Y_{11} & Y_{12} \\ Y_{21} & Y_{22} \end{bmatrix} \begin{bmatrix} V_1 \\ V_2 \end{bmatrix} \quad (4-2-4)$$

其中：Y_{11}、Y_{22} 分别为端口 1 和端口 2 的自导纳，Y_{12}、Y_{21} 分别为端口 1 和端口 2 的互导纳。各导纳参量的定义如下。

$Y_{11}=\dfrac{I_1}{V_1}\bigg|_{V_2=0}$ 为端口 2 短路时，端口 1 的输入导纳。

$Y_{12}=\dfrac{I_1}{V_2}\bigg|_{V_1=0}$ 为端口 1 短路时，端口 2 至端口 1 的转移导纳。

$Y_{21}=\dfrac{I_2}{V_1}\bigg|_{V_2=0}$ 为端口 2 短路时，端口 1 至端口 2 的转移导纳。

$Y_{22}=\dfrac{I_2}{V_2}\bigg|_{V_1=0}$ 为端口 1 短路时，端口 2 的输入导纳。

三、转移参量（A）

如图 4-2-1 所示的双端口网络，若用端口 2 的电压 V_2、电流 $-I_2$ 作为自变量，而端口 1 的电压 V_1 和电流 I_1 作为因变量，则可得到如下线性方程组：

$$\begin{cases} V_1 = A_{11}V_2 + A_{12}(-I_2) \\ I_1 = A_{21}V_2 + A_{22}(-I_2) \end{cases} \quad (4\text{-}2\text{-}5)$$

由于电流 I_2 的正方向如图 4-2-1 所示，而网络转移矩阵规定的电流参考方向指向网络外部，因此上式中在 $-I_2$ 前加负号。这样规定在实际中更为方便，且适用于级联网络。写成矩阵形式，则为

$$\begin{bmatrix} V_1 \\ I_1 \end{bmatrix} = \begin{bmatrix} A_{11} & A_{12} \\ A_{21} & A_{22} \end{bmatrix} \begin{bmatrix} V_2 \\ -I_2 \end{bmatrix} \quad (4\text{-}2\text{-}6)$$

矩阵中各参量的物理意义如下。

$A_{11}=\dfrac{V_1}{V_2}\bigg|_{I_2=0}$ 为端口 2 开路（$I_2=0$）时电压的转移系数。

$A_{12}=\dfrac{V_1}{-I_2}\bigg|_{V_2=0}$ 为端口 2 短路（$V_2=0$）时转移阻抗。

$A_{21}=\dfrac{I_1}{V_2}\bigg|_{I_2=0}$ 为端口 2 开路（$I_2=0$）时转移导纳。

$A_{22}=\dfrac{I_1}{-I_2}\bigg|_{V_2=0}$ 为端口 2 短路（$V_2=0$）时电流的转移系数。

四、散射参量（s）

前面讨论的三种网络矩阵及其所描述的微波网络，都是建立在电压和电流概念基础上的，因为在微波系统中无法实现真正的恒压源和恒流源，所以电压和电流在微波频率下已失去明确的物理意义。另外，这三种网络参数的测量不

是要求端口开路就是要求端口短路,这在微波频率下也是难以实现的。但在与网络相连的各分支传输系统的端口参考面上入射波和反射波的相对大小和相对相位是可以测量的,而散射矩阵和传输矩阵就是建立在入射波、反射波的关系基础上的网络参数矩阵。

考虑双端口网络如图 4-2-2 所示,其中,v_1^+、v_1^- 分别为端口 1 的归一化入射波电压和归一化反射波电压,v_2^+、v_2^- 分别为端口 2 的归一化入射波电压和归一化反射波电压。

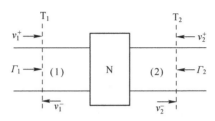

图 4-2-2　二端口网络入射波、反射波示意图

散射参量分为归一化散射参量和非归一化散射参量,通常所说的散射参量是指归一化散射参量,用 s 表示,旨在用各端口的归一化入射波电压表示归一化反射波电压。其中归一化是为了处理问题方便而引入的。如式(4-2-7)为归一化阻抗(输入阻抗与特性阻抗的比值),又通过功率关系 $VI^* = vi^*$ 可得归一化电压和归一化电流,如式(4-2-8)所示。

$$z = \frac{Z}{Z_0} = \frac{1+\Gamma}{1-\Gamma} = \frac{v}{i} \tag{4-2-7}$$

$$v = \frac{V}{\sqrt{Z_0}}$$
$$i = I\sqrt{Z_0} \tag{4-2-8}$$

如图 4-2-2 所示,若用归一化入射波电压表示归一化反射波电压,则可得到如下线性方程组:

$$\begin{cases} v_1^- = s_{11}v_1^+ + s_{12}v_2^+ \\ v_2^- = s_{21}v_1^+ + s_{22}v_2^+ \end{cases} \tag{4-2-9}$$

写成矩阵形式为

$$\begin{bmatrix} v_1^- \\ v_2^- \end{bmatrix} = \begin{bmatrix} s_{11} & s_{12} \\ s_{21} & s_{22} \end{bmatrix} \begin{bmatrix} v_1^+ \\ v_2^+ \end{bmatrix} \tag{4-2-10}$$

散射矩阵中各参量意义如下：

$s_{11} = \dfrac{v_1^-}{v_1^+}\bigg|_{v_2^+=0}$ 表示端口 2 接匹配负载时，端口 1 的电压反射系数。

$s_{22} = \dfrac{v_2^-}{v_2^+}\bigg|_{v_1^+=0}$ 表示端口 1 接匹配负载时，端口 2 的电压反射系数。

$s_{12} = \dfrac{v_1^-}{v_2^+}\bigg|_{v_1^+=0}$ 表示端口 1 接匹配负载时，端口 2 到端口 1 的归一化电压传输系数。

$s_{21} = \dfrac{v_2^-}{v_1^+}\bigg|_{v_2^+=0}$ 表示端口 2 接匹配负载时，端口 1 到端口 2 的归一化电压传输系数。

因此，对于散射参量而言，矩阵的各参数是建立在端口接匹配负载基础上的反射系数或传输系数。

五、传输参量（t）

同样考虑如图 4-2-2 所示的二端口网络，若用端口 2 的归一化入、反射电压作为输入量，端口 1 的归一化入、反射电压作为输出量，则有以下线性方程：

$$\begin{cases} v_1^+ = t_{11}v_2^- + t_{12}v_2^+ \\ v_1^- = t_{21}v_2^- + t_{22}v_2^+ \end{cases} \tag{4-2-11}$$

其矩阵表达形式为

$$\begin{bmatrix} v_1^+ \\ v_1^- \end{bmatrix} = \begin{bmatrix} t_{11} & t_{12} \\ t_{21} & t_{22} \end{bmatrix} \begin{bmatrix} v_2^- \\ v_2^+ \end{bmatrix} \tag{4-2-12}$$

传输矩阵中，除了 t_{11} 表示端口 2 接匹配负载时端口 1 到端口 2 的归一化电压传输系数 s_{21} 的倒数外，其余各参量元素并无明显的物理意义。转移参量对级联网络也十分适用，将在下一节中介绍。

六、网络参量的性质

一般情况下，二端口网络的独立参量数目是 4 个，但当网络具有某种特性时（如对称性或可逆性等），网络的独立参量数目将减少。

当网络具有可逆性或互易性时，各网络的独立参量具有如下性质：

$$z_{12}=z_{21}$$
$$y_{12}=y_{21}$$
$$a_{11}a_{22}-a_{12}a_{21}=1 \qquad (4-2-13)$$
$$s_{12}=s_{21}$$
$$t_{11}t_{22}-t_{12}t_{21}=1$$

当网络具有对称性时，各网络的独立参量具有如下性质：

$$z_{11}=z_{22}$$
$$y_{11}=y_{22}$$
$$a_{11}=a_{22} \qquad (4-2-14)$$
$$s_{11}=s_{22}$$
$$t_{12}=-t_{21}$$

当网络无耗时，各网络的独立参量具有如下性质：

(1) $[Z]$矩阵和$[Y]$矩阵中各参量元素均为虚数。

(2) $[A]$矩阵中的A_{11}和A_{22}为实数，A_{12}和A_{21}为虚数。

(3) $[s]$矩阵满足幺正性$[s]^+[s]=[E]$，其中$[s]^+$为艾米特矩阵，$[s]^+=[s]^{*T}$，"*"表示共轭，"T"表示转置，$[E]$表示单位矩阵。对于无耗二端口网络可表示为式（4-2-15）。

$$\begin{bmatrix} s_{11}^* & s_{21}^* \\ s_{12}^* & s_{22}^* \end{bmatrix} \begin{bmatrix} s_{11} & s_{12} \\ s_{21} & s_{22} \end{bmatrix} = \begin{bmatrix} |s_{11}|^2+|s_{21}|^2 & s_{11}^*s_{12}+s_{21}^*s_{22} \\ s_{12}^*s_{11}+s_{22}^*s_{21} & |s_{12}|^2+|s_{22}|^2 \end{bmatrix} = \begin{bmatrix} 1 & 0 \\ 0 & 1 \end{bmatrix}$$
$$(4-2-15)$$

(4) $[t]$矩阵满足$t_{11}=t_{22}^*$，$t_{12}=t_{21}^*$。

第三节 二端口网络的组合

二端口网络的组合方式主要有三种，分别为级联、并联-并联、串联-串联。不论哪种组合方式，最终都可以等效为一个组合的二端口网络，并且该组合网络的参量可由各子网络的参量导出。

一、级联

如图4-3-1所示，此时称网络N_1和网络N_2级联，且各端口电压电流如图4-3-1所示。

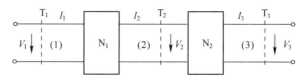

图 4-3-1 二端口网络的级联

由于端口 2 处电流 $-I_2$ 恰好是网络 N_2 的输入电流，因此根据转移矩阵的定义，可以得到网络 N_1 的转移参量矩阵方程为

$$\begin{bmatrix} V_1 \\ I_1 \end{bmatrix} = \begin{bmatrix} A_{11} & A_{12} \\ A_{21} & A_{22} \end{bmatrix}_1 \begin{bmatrix} V_2 \\ -I_2 \end{bmatrix} \qquad (4-3-1)$$

网络 N_2 的转移参量矩阵方程为

$$\begin{bmatrix} V_2 \\ -I_2 \end{bmatrix} = \begin{bmatrix} A_{11} & A_{12} \\ A_{21} & A_{22} \end{bmatrix}_2 \begin{bmatrix} V_3 \\ -I_3 \end{bmatrix} \qquad (4-3-2)$$

根据式（4-3-1）、式（4-3-2）可得

$$\begin{bmatrix} V_1 \\ I_1 \end{bmatrix} = \begin{bmatrix} A_{11} & A_{12} \\ A_{21} & A_{22} \end{bmatrix}_1 \begin{bmatrix} A_{11} & A_{12} \\ A_{21} & A_{22} \end{bmatrix}_2 \begin{bmatrix} V_3 \\ -I_3 \end{bmatrix} = \begin{bmatrix} A_{11} & A_{12} \\ A_{21} & A_{22} \end{bmatrix} \begin{bmatrix} V_3 \\ -I_3 \end{bmatrix} \qquad (4-3-3)$$

因此级联组合的二端口网络的转移参量矩阵为

$$\begin{bmatrix} A_{11} & A_{12} \\ A_{21} & A_{22} \end{bmatrix} = \begin{bmatrix} A_{11} & A_{12} \\ A_{21} & A_{22} \end{bmatrix}_1 \begin{bmatrix} A_{11} & A_{12} \\ A_{21} & A_{22} \end{bmatrix}_2 \qquad (4-3-4)$$

或者简写为 $[A] = [A]_1[A]_2$，以此类推，若转移参量矩阵分别为 $[A]_1$、$[A]_2$、…、$[A]_n$ 的 n 个二端口网络级联，则对于组合二端口网络有 $[A] = [A]_1[A]_2\cdots[A]_n$。

分析级联网络除了用 $[A]$ 矩阵外，还可以用 $[t]$ 矩阵，根据传输参量定义，若传输参量矩阵分别为 $[t]_1$、$[t]_2$、…、$[t]_n$ 的 n 个二端口网络级联时，其组合二端口网络的传输参量矩阵为 $[t] = [t]_1[t]_2\cdots[t]_n$。

二、并联-并联

如图 4-3-2 所示，此时称网络 N_1 和网络 N_2 并联-并联，且各端口电压电流如图 4-3-2 所示。

根据导纳参量的定义，可以得到：

$$\begin{bmatrix} I_1' \\ I_2' \end{bmatrix} = \begin{bmatrix} Y_{11} & Y_{12} \\ Y_{21} & Y_{22} \end{bmatrix}_1 \begin{bmatrix} V_1 \\ V_2 \end{bmatrix} \qquad (4-3-5)$$

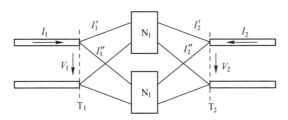

图 4-3-2　二端口网络的并联-并联

$$\begin{bmatrix} I_1'' \\ I_2'' \end{bmatrix} = \begin{bmatrix} Y_{11} & Y_{12} \\ Y_{21} & Y_{22} \end{bmatrix}_2 \begin{bmatrix} V_1 \\ V_2 \end{bmatrix} \quad (4\text{-}3\text{-}6)$$

又根据 $I_1 = I_1' + I_1''$，$I_2 = I_2' + I_2''$，组合二端口网络的导纳矩阵方程为

$$\begin{bmatrix} I_1 \\ I_2 \end{bmatrix} = \left(\begin{bmatrix} Y_{11} & Y_{12} \\ Y_{21} & Y_{22} \end{bmatrix}_1 + \begin{bmatrix} Y_{11} & Y_{12} \\ Y_{21} & Y_{22} \end{bmatrix}_2 \right) \begin{bmatrix} V_1 \\ V_2 \end{bmatrix} \quad (4\text{-}3\text{-}7)$$

可简写为 $[I] = ([Y]_1 + [Y]_2)[V]$。

三、串联-串联

如图 4-3-3 所示，此时称网络 N_1 和网络 N_2 串联-串联，且各端口电压电流如图 4-3-3 所示。

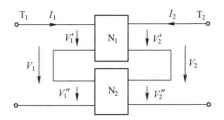

图 4-3-3　二端口网络的串联-串联

根据阻抗参量的定义，可以得到：

$$\begin{bmatrix} V_1' \\ V_2' \end{bmatrix} = \begin{bmatrix} Z_{11} & Z_{12} \\ Z_{21} & Z_{22} \end{bmatrix}_1 \begin{bmatrix} I_1 \\ I_2 \end{bmatrix} \quad (4\text{-}3\text{-}8)$$

$$\begin{bmatrix} V_1'' \\ V_2'' \end{bmatrix} = \begin{bmatrix} Z_{11} & Z_{12} \\ Z_{21} & Z_{22} \end{bmatrix}_2 \begin{bmatrix} I_1 \\ I_2 \end{bmatrix} \quad (4\text{-}3\text{-}9)$$

又根据 $V_1 = V_1' + V_1''$，$V_2 = V_2' + V_2''$，组合二端口网络的导纳矩阵方程为

$$\begin{bmatrix} V_1 \\ V_2 \end{bmatrix} = \left(\begin{bmatrix} Z_{11} & Z_{12} \\ Z_{21} & Z_{22} \end{bmatrix}_1 + \begin{bmatrix} Z_{11} & Z_{12} \\ Z_{21} & Z_{22} \end{bmatrix}_2 \right) \begin{bmatrix} I_1 \\ I_2 \end{bmatrix} \qquad (4-3-10)$$

可简写为 $[V] = ([Z]_1 + [Z]_2)[I]$。

小 结

本章从微波传输系统中存在不均匀性问题出发，引出微波网络基本思想，介绍了微波网络的几种分类；然后，着重介绍了双端口微波网络的阻抗矩阵、导纳矩阵、转移矩阵、散射矩阵和传输矩阵，并给出了各矩阵参数的定义，分别讨论了在可逆（互易）、对称、无耗条件下各矩阵参量的相关性质；最后，介绍了二端口网络的组合，给出各组合网络的矩阵表述。

复习思考题

1. 简述微波网络基本思想。
2. 写出微波网络阻抗参量、导纳参量、转移参量、散射参量以及传输参量的具体矩阵表达形式。
3. 写出二端口网络的级联、并联-并联、串联-串联组合形式的矩阵参量表达形式。
4. 已知双端口网络散射矩阵$[s]$已知，终端接有负载Z_L，负载处反射系数为Γ_L，如图1所示，求输入端反射系数。

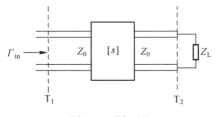

图1 习题4图

5. 微波电路如图2所示。已知四口网络的散射矩阵 $s = -\dfrac{1}{\sqrt{2}} \begin{bmatrix} 0 & j & 1 & 0 \\ j & 0 & 0 & 1 \\ 1 & 0 & 0 & j \\ 0 & 1 & j & 0 \end{bmatrix}$，其端口2和端口3直接接终端反射系数为$\Gamma_2$、$\Gamma_3$的负载，求以端口1和端口4

为端口的二口网络的散射矩阵。

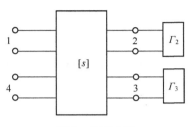

图 2　习题 5 图

第五章 微波元器件

无论在哪个频段工作的电子设备，都需要各种功能的元器件以实现信号的匹配、分配、滤波等功能，微波系统也不例外，同样需要各种微波元器件对微波信号进行必要的处理或变换，它们是微波系统的重要组成部分。在微波技术中除了需要利用微波传输线来传输微波能量外，还需要微波元器件对微波进行各种控制或变换，如控制波的振幅、相位；变换波的极化方式等。微波元器件的品种繁多，而且随着技术的进步不断出现新的元器件，因此不能一一列举。本章从雷达工程应用角度出发，重点介绍具有代表性的几组微波无源器件，主要有：微波电阻性元件、微波电抗性元件、微波移相器、极化变换器、矩形波导定向耦合器、连接元件、微波铁氧体器件。

第一节 微波电阻性元件

对于微波系统来说，能吸收微波能量的装置或器件，相当于电阻的作用，因此又称为微波电阻性元件，常见的微波电阻性元件有匹配负载和衰减器。衰减器是用来控制微波传输线中传输功率的装置，其通过对波的吸收、反射或截止来衰减微波能量。衰减器的主要应用如下：

（1）去耦，即消除负载失配对信号源的影响，这是保证微波系统稳定工作的重要措施；

（2）调节微波源输出功率电平。

匹配负载实质上也是一种衰减器，其作用是无反射地吸收传输到终端的全部功率，以建立传输系统中的行波状态。

一、匹配负载

匹配负载是一种几乎能全部吸收输入功率的单端口元件。对于波导来说，一般在一段终端短路的波导内放置一块或几块劈形吸收片，实现小功率匹配负载，吸收片通常由介质片（陶瓷、胶木片等）涂以金属碎末或碳木制成，如图5-1-1（a）所示。劈尖越长吸收效果越好，一般取二分之一波长的整数倍。当功率较大时可以在短路波导内放置楔形吸收体,或在波导外侧加装散热片以利于散热,如图 5-1-1 (b)、图 5-1-1 (c) 所示;功率很大时,还可以采用水负载,如图 5-1-1 (d) 所示,由流动的水将热量带走。

同轴线匹配负载是由在同轴线内外导体间放置的圆锥形或阶梯形吸收体构成的,如图 5-1-1 (e)、图 5-1-1 (f) 所示。微带匹配负载一般用矩形或半圆形的电阻作为吸收体,如图 5-1-1 (g)、图 5-1-1 (h) 所示,这种负载不仅频带宽,而且功率容量大。

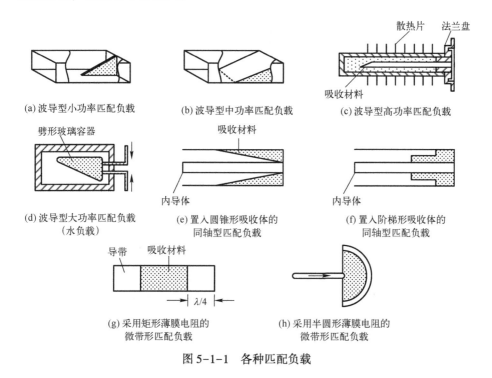

图 5-1-1　各种匹配负载

二、衰减器

衰减器的种类很多,最常用的是吸收式衰减器,它是在一段矩形波导中平行于电场方向放置吸收片而构成,有固定式和可变式两种,如图 5-1-2 所示。一般吸收片由胶木板表面涂石墨或在玻璃片上蒸发一层厚的电阻膜组成,一般两头为劈尖形,以减小反射,如图 5-1-3 所示。由矩形波导 TE_{10} 模的电场分布可知,波导宽边中心位置电场最强,逐渐向两边减小到零,因此,当吸收片沿波导横向移动时,就可改变其衰减量。

 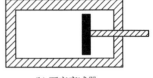

(a) 固定衰减器　　　　　　　　　(b) 可变衰减器

图 5-1-2　吸收式衰减器

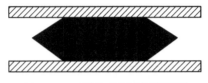

图 5-1-3　吸收式衰减器侧视图

第二节　微波电抗性元件

在集总参数电路中，电感是用于存储磁能的，表明这个区域只含有磁能，而电容是用于存储电能的，表明这个区域只含有电能。但在分布参数电路中，微波信号是交变的电磁场，即电场和磁场是铰链在一起的，没有单独的电场区域或单独的磁场区域，不存在像集总参数电路中的电感和电容。因此，在分布电路中可以做一个推广，如果在某一区域磁场储能大于电场储能，可等效为电感；如果在某一区域电场储能大于磁场储能，可等效为电容。而通常情况下，微波传输线中传输模所携带的电能和磁能都是相等的，这种电能大于磁能或者磁能大于电能的情况是如何产生的呢？实际应用中，常常会在传输系统中引入各种不均匀性（传输系统的尺寸、形状或填充介质发生变化等），这种不均匀性就会激发产生高次模，而高次模所携带的电能和磁能就是不均衡的，因此可以利用引入的这些不均匀性来实现某些元件的功能。

例如，当微波系统中产生的高次模为 TE 模，此时系统中磁能大于电能，可等效为微波电感元件；当产生的高次模为 TM 模，此时系统中电能大于磁能，可等效为微波电容元件。

一、膜片

对于矩形波导而言，可在垂直与矩形波导轴线处放置导体薄片来引入不均匀性，又称为膜片。膜片的厚度满足 $\delta \ll t \ll \lambda_g$，其中，$\delta$ 为导体的趋肤深度，λ_g 为波导波长。膜片按其形状和放置位置的不同又可分为两类：电容膜片和电感膜片。

（一）电容膜片

这种膜片使矩形波导的窄边减小而宽边不变，如图 5-2-1 所示。对于矩形波导主模 TE_{10} 模而言，加入膜片后，膜片处的边界条件发生变化，为满足新的边界条件，膜片处激发产生了高次模 TM 模，此时在膜片附近电能大于磁能，相当于一个电容，而膜片起到分流作用，故该膜片为并联电容。

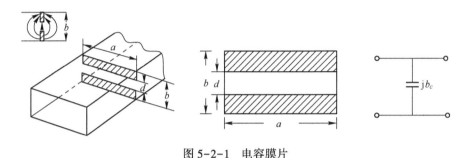

图 5-2-1　电容膜片

（二）电感膜片

在矩形波导的截面上沿窄边放置膜片，使矩形波导的宽边减小而窄边不变，如图 5-2-2 所示。加入膜片后为满足膜片处的边界条件，产生反方向的电场来抵消原有膜片处的电场，从而激发产生高次模 TE 模，在膜片附近储能的磁能大于电能，相当于一个电感，而膜片同样起到分流作用，因此等效成并联电感。

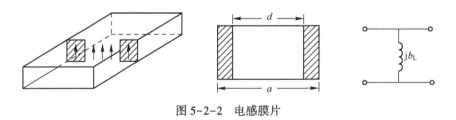

图 5-2-2　电感膜片

二、谐振窗

谐振窗的等效电路是一个并联谐振电路。相当于电容膜片和电感膜片的组合，如图 5-2-3 所示。谐振窗的性质为：当信号频率正好等于谐振窗的谐振频率时，信号无反射地通过谐振窗；当信号频率不等于其谐振频率时，谐振窗具有电感性或电容性而产生反射。

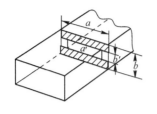 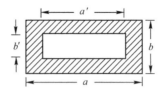 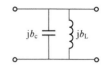

图 5-2-3 谐振窗

谐振窗在实际中有很多应用，图 5-2-4 所示是其在雷达设备中的应用。当发射机发射的大功率信号经过单向器输入到由介质封闭的谐振窗Ⅰ时，大功率信号将使两封闭谐振窗之间的高频放电气体放电，在谐振窗附近形成导电层而封闭谐振窗，使之成为短路面而把入射的大功率信号反射回去。由于发射机端接有单向器，所以反射回来的信号全部进入天线发射出去，而不会进入发射机；当天线接收小功率信号时，由于单向器的作用，信号不能进入发射机，由于此时信号功率较小，不会使高频放电气体放电，当接收信号频率等于谐振窗的谐振频率时，谐振窗谐振，两介质填充谐振窗之间隔成的空间对接收信号没有影响，使接收信号能顺利地进入接收机而被接收；当接收信号频率不等于谐振窗的谐振频率时，谐振窗等效为一个电抗，对信号有反射作用。因此，谐振窗在此结构中起到了滤波和选频的作用。由于两介质填充谐振窗所隔的空间起到了收、发开关的作用，故称为天线收、发开关，简称 TR 管。

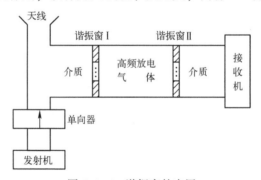

图 5-2-4 谐振窗的应用

第三节 微波移相器

能够改变电磁波相位的装置称为微波移相器。它广泛应用在数字微波通信和相控阵雷达等电系统中。移相器的工作原理可由传输线理论说明，均匀传输线上相距长度为 l 的两点之间的相位差，即相移量为

$$\Delta\varphi=\varphi_2-\varphi_1=\beta l=\frac{2\pi}{\lambda_p}l \qquad (5\text{-}3\text{-}1)$$

式（5-3-1）表明，改变相移量有两种方法：一是通过改变传输线的相波长改变其相位常数β，从而改变相移量；二是改变传输线长度l来改变相移量。显然，任何一种能改变传输线长度的结构，都可以看成一种可变移相器。根据产生相移的途径不同，移相器可分为相波长式移相器和波程式移相器。

一、相波长式移相器

相波长式移相器是采用改变传输线相位常数的方式改变相移量的，其中介质片移相器就是典型的相波长式移相器，如图 5-3-1 所示。

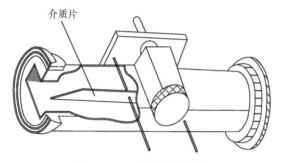

图 5-3-1 介质片移相器

介质片移相器的工作原理比较简单，它是在微波传输线中置入电介质。由于电磁波在电介质中传输时，其波长会发生变化，导致相移常数变化，从而使相移量变化。如图 5-3-1 所示，介质片是由石英、高氧化铝瓷、聚四氟乙烯等材料制成，通过机械调节改变介质片在波导中的位置，就可以改变其相移，介质片所在处的高频电场越强，对通过波的影响就越大，相移也就越大，具体相移常数的变化为

$$\Delta\beta=\beta-\beta_0=2\pi(\varepsilon_r-1)\frac{\Delta S}{S}\frac{\lambda_{p0}}{\lambda^2}\sin^2\frac{\pi x_1}{a} \qquad (5\text{-}3\text{-}2)$$

其中：β 为组合结构的相移常数；β_0 为空波导中的相移常数；ε_r 为相对介电常数，ΔS 为介质片的横截面积；S 为空波导的横截面积；x_1 为介质片到波导侧边的距离；λ_{p0} 为电磁波在空波导中的波长；λ 为电磁波在组合波导中的波长。显然，当介质片位于波导宽边中央处($x_1=a/2$)时，相移量最大；当介质片位于波导侧边($x_1=0$)时，相移量为0。

介质片移相器虽能改变相移量，但其相移量与介质片移动的距离不成线性关系，且采用机械传动方式改变介质片移动的距离很难做出相移的精确刻度，

即相移精度不高。

二、波程式移相器

波程式移相器是通过改变传输线长度 l 来改变相移量。PIN 管数字式移相器就是典型的波程式移相器。

PIN 管数字式移相器的主要构件是 PIN 二极管，它是由重掺杂 P 区和 N 区之间夹一层电阻率很高的本征半导体 I 层组成的。当给其零偏压时，由于空间电荷层内的载流子已被耗尽，电阻率很高，故 PIN 二极管在零偏压时呈现高阻抗；当给其正偏压时，PIN 二极管呈现低阻抗，正偏压越大管子阻抗越低；当给其反偏压时，PIN 二极管的阻抗比零偏时更大，类似于以 P 和 N 为极板的平板电容。

利用 PIN 二极管的正反向特性和几段不同长度的传输线段，可构成数字式移相器。如图 5-3-2 所示为 4 位传输式数字移相器。图中每一位由一个 PIN 管和两段不同长度的传输线段构成，其中较短的传输线段长为 $\lambda_p/2$ 的整数倍。第 1 位中长、短传输线长度相差 $\lambda_p/2$，第 2 位中相差 $\lambda_p/4$，第 3 位中相差 $\lambda_p/8$，第 4 位中相差 $\lambda_p/16$。于是通过分别控制图 5-3-2 中各单元移相器 PIN 管的偏置状态可使输入信号到输出信号的相移量从 0°～360° 每隔 22.5° 作步长进行相移。例如，需要 135° 相移量时，可控制 PIN 管的偏置电路，使第 2 位和第 3 位处于移相状态，分别产生 45° 和 90° 的相移，则输出微波信号比输入微波信号的相位滞后了 135°。

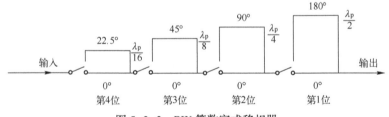

图 5-3-2 PIN 管数字式移相器

因此，图 5-3-2 中移相器通过选择不同的传输线段长度可获得 16 种相移量，即 0°、22.5°、45°、67.5°、90°、112.5°、135°、157.5°、180°、202.5°、225°、247.5°、270°、292.5°、315°、337.5°。

第四节　极化变换器

所谓天线的极化特性就是其电场矢量在空间的取向，通常指辐射场在最大辐射方向上的电矢量方向随时间变化的规律。极化一般可分为线极化、圆极化和椭圆极化。

线极化：若电场强度矢量的端点随时间的变化可描绘成沿某一方向的直线，这种波称为线极化波。根据电场强度矢量端点所描绘成的直线与地面的位置关系，可将线极化分为水平极化和垂直极化。

圆极化：若电场强度矢量的端点随时间的变化在空间的轨迹是一个圆，这种波是圆极化的。圆极化还可以根据电场矢量旋转方向分为右旋圆极化和左旋圆极化。如果手的拇指朝向波的传播方向，四指弯向电场矢量的旋转方向，这时若电场矢量端点的旋转方向与传播方向符合右手螺旋，则为右旋圆极化，若符合左手螺旋，则为左旋圆极化。

椭圆极化：若电场强度矢量的端点随时间的变化可描绘成一个椭圆轨迹，则波是椭圆极化的。如同上面所述，它可能是右旋也可能是左旋椭圆极化。

线-圆极化变换器是工程上常用的极化变换器，它是将线极化波与圆极化波相互转换的装置，如图 5-4-1 所示。

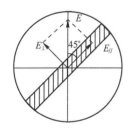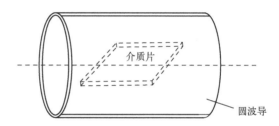

图 5-4-1　线-圆极化变换器

线极化波转换成圆极化波的方法：线极化可分解为两个相互垂直且等幅线极化，并利用移相器使其两个分量产生 90°相位差，从而获得圆极化波。

圆极化波转换成线极化波的方法：用移相器使圆极化波的两个分量变为同相状态或反相状态，从而可获得线极化波。

第五节　矩形波导定向耦合器

所谓定向耦合器，是由耦合装置联系在一起的两对传输线构成，定向耦合器是一种具有定向耦合特性的四端口器件。如图 5-5-1 所示，图中（1）、（2）是一条传输系统，称为主线；（3）、（4）为另一条传输系统，称为副线。根据图中各端口的输入输出功率，可得到定向耦合器的不同应用：功率分配器（1）=（2）+（3）、功率衰减器（1）>（3）、功率检测器通过检测（3）端口的功率来判断（1）端口是否满足功率要求。

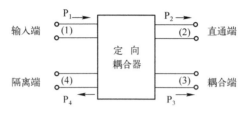

图 5-5-1 定向耦合器原理图

耦合装置的耦合方式有很多种，一般有孔、分支线、耦合线等，形成不同的定向耦合器，如图 5-5-2 所示。

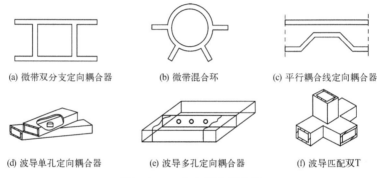

图 5-5-2 定向耦合器种类

雷达领域工程上常用的耦合器为矩形波导定向耦合器，也称为波导分支器，是一种功率分配器，它可以将主波导的电磁能量变成二路或更多支路，常用的波导分支器有 E-T 分支、H-T 分支、波导双 T 和匹配双 T（魔 T）。

一、E-T 分支

如图 5-5-3 所示，分支波导在主波导的宽壁上，分支平面与主波导中的 TE_{10} 波的电场方向平行，故称为 E-T 分支。

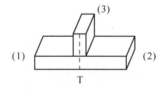

图 5-5-3 波导 E-T 分支结构

图 5-5-4 是 E-T 分支的场分布，当对 3 个端口 (1)、(2)、(3) 输入信号时，可分为以下 5 种情况。

(1) 当信号从端口 (1) 输入时，端口 (2)、(3) 均有输出；
(2) 当信号从端口 (2) 输入时，端口 (1)、(3) 均有输出；
(3) 当信号从端口 (3) 输入时，端口 (1)、(2) 等幅反相输出；
(4) 当信号从端口 (1)、(2) 等幅同相输入时，端口 (3) 输出为 0；
(5) 当信号从端口 (1)、(2) 等幅反相输入时，端口 (3) 输出最大。

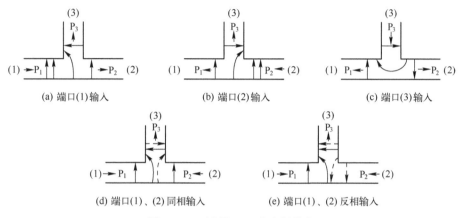

图 5-5-4 波导 E-T 分支场分布

二、H-T 分支

如图 5-5-5 所示，分支波导在主波导的窄壁上，分支平面与主波导中的 TE_{10} 波的磁场方向平行，故称为 H-T 分支。

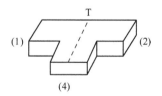

图 5-5-5 波导 H-T 分支结构

图 5-5-6 是 H-T 分支的场分布，当对 3 个端口 (1)、(2)、(4) 输入信号时，可分为以下 5 种情况。

(1) 当信号从端口 (1) 输入时，端口 (2)、(4) 均有输出；
(2) 当信号从端口 (2) 输入时，端口 (1)、(4) 均有输出；
(3) 当信号从端口 (4) 输入时，端口 (1)、(2) 等幅同相输出；

(4) 当信号从端口（1）、(2) 等幅同相输入时，端口（4) 输出最大；

(5) 当信号从端口（1）、(2) 等幅反相输入时，端口（4) 输出为 0。

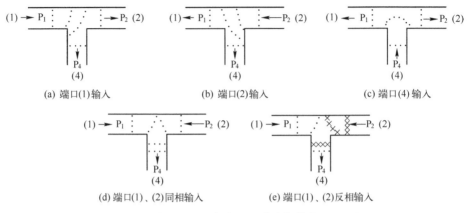

图 5-5-6　波导 H-T 分支场分布

三、波导双 T

波导双 T 是由具有公共对称面的 E-T 分支和 H-T 分支组合而成的，其中 E-T 分支称为 E 臂，H-T 分支称为 H 臂，另外两个分支称为平分臂。如图 5-5-7 所示，(1)、(2) 分支为平分臂，(3) 为 E 臂，(4) 为 H 臂。

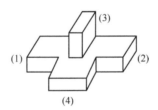

图 5-5-7　波导双 T 结构

根据 E-T 分支和 H-T 分支的特性，可得到双 T 分支有以下特性。

(1) 当信号从 E 臂输入时，信号从平分臂等幅反相输出，H 臂无输出；

(2) 当信号从 H 臂输入时，信号从平分臂等幅同相输出，E 臂无输出；

(3) 当信号从两平分臂等幅同相输入时，信号从 H 臂输出，E 臂无输出；

(4) 当信号从两平分臂等幅反相输入时，信号从 E 臂输出，H 臂无输出。

又因为波导双 T 分支可逆且端口（1）、(2) 对称，因此，$s_{ij}=s_{ji}$，$s_{11}=s_{22}$。

由此可以得到双 T 分支的散射矩阵为

$$[s] = \begin{bmatrix} s_{11} & s_{12} & s_{13} & s_{14} \\ s_{12} & s_{11} & -s_{13} & s_{14} \\ s_{13} & -s_{13} & s_{33} & 0 \\ s_{14} & s_{14} & 0 & s_{44} \end{bmatrix} \quad (5-5-1)$$

四、匹配双 T（魔 T）

若在 E-T 分支接头和 H-T 分支接头汇合处对称地放置一些匹配元件，使得 E 臂和 H 臂匹配，即 $s_{33}=0$，$s_{44}=0$，那么，一旦端口（3）和端口（4）调配好以后，端口（1）和端口（2）就会自动达到匹配。因此匹配后的波导双 T 称为魔 T。

证明如下：

当 $s_{33}=0$，$s_{44}=0$，波导双 T 的散射矩阵变为

$$[s] = \begin{bmatrix} s_{11} & s_{12} & s_{13} & s_{14} \\ s_{12} & s_{11} & -s_{13} & s_{14} \\ s_{13} & -s_{13} & 0 & 0 \\ s_{14} & s_{14} & 0 & 0 \end{bmatrix} \quad (5-5-2)$$

若网络为无耗元件，散射矩阵应满足幺正性 $[s]^+[s]=[E]$，即

$$\begin{bmatrix} s_{11} & s_{12} & s_{13} & s_{14} \\ s_{12} & s_{11} & -s_{13} & s_{14} \\ s_{13} & -s_{13} & 0 & 0 \\ s_{14} & s_{14} & 0 & 0 \end{bmatrix} \begin{bmatrix} s_{11}^* & s_{12}^* & s_{13}^* & s_{14}^* \\ s_{12}^* & s_{11}^* & -s_{13}^* & s_{14}^* \\ s_{13}^* & -s_{13}^* & 0 & 0 \\ s_{14}^* & s_{14}^* & 0 & 0 \end{bmatrix} = \begin{bmatrix} 1 & 0 & 0 & 0 \\ 0 & 1 & 0 & 0 \\ 0 & 0 & 1 & 0 \\ 0 & 0 & 0 & 1 \end{bmatrix} \quad (5-5-3)$$

展开式（5-5-3），化简可得

$$\begin{cases} |s_{11}|^2+|s_{12}|^2+|s_{13}|^2+|s_{14}|^2=1 \\ |s_{13}|^2+|s_{13}|^2=1 \\ |s_{14}|^2+|s_{14}|^2=1 \end{cases} \quad (5-5-4)$$

根据式（5-5-4）可以得到

$$|s_{13}|=|s_{14}|=\frac{1}{\sqrt{2}}, \quad |s_{11}|^2+|s_{12}|^2=0 \quad (5-5-5)$$

由网络对称性和可逆性可知

$$|s_{22}|=|s_{11}|=0, \quad |s_{21}|=|s_{12}|=0 \quad (5-5-6)$$

将式（5-5-5）和式（5-5-6）所得数据代回式（5-5-2），可以得到魔 T 的散射矩阵为

$$[s] = \frac{1}{\sqrt{2}} \begin{bmatrix} 0 & 0 & 1 & 1 \\ 0 & 0 & -1 & 1 \\ 1 & -1 & 0 & 0 \\ 1 & 1 & 0 & 0 \end{bmatrix} \quad (5\text{-}5\text{-}7)$$

从式（5-5-7）可看出，当端口（3）和端口（4）匹配后，端口（1）和端口（2）自动实现匹配。总结起来，魔 T 具有以下性质。

（1）当信号从 E 臂输入时，E 臂没有反射，信号从两平分臂等幅、反相输出，H 臂为隔离臂，没有信号输出；

（2）当信号从 H 臂输入时，H 臂没有反射，信号从两平分臂等幅、同相输出，E 臂为隔离臂，没有信号输出；

（3）当信号从某一平分臂输入时，该平分臂没有反射，信号从 E 臂和 H 臂平分输出，另一平分臂为隔离臂，没有信号输出。

第六节 连 接 元 件

在微波系统中，各种波导元器件的连接，主要依靠波导接头来实现。下面依次介绍典型的波导接头。

一、平法兰接头

波导管一般采用法兰盘连接，可分为平法兰接头和扼流法兰接头，如图 5-6-1 所示。

图 5-6-1 波导平法兰接头

平法兰接头的特点是：加工方便，体积小，频带宽，其驻波比可做到 1.002 以下，但如果两平法兰相互连接时，要保证它们之间对准并有良好的机械接触，否则在连接处会造成反射和功率泄漏，且接触表面有接触电阻，容易产生衰减，通过大功率时还会引起打火。因此要求平法兰接头的接触表面光洁度较高,且对生产工艺有一定要求。

二、扼流法兰接头

矩形波导扼流法兰接头的结构如图 5-6-2 所示。两段矩形波导由法兰盘连接,图 5-6-2 (b) 右侧为一平法兰接头,左侧为扼流法兰接头,扼流法兰是由槽深为 $\lambda/4$ 末端短路的扼流槽构成,且槽端平面与法兰盘外周边不在同一个面上,而是凹进去一小段距离,即当平法兰接头和扼流法兰接头相互连接时,A 端短路,根据等效阻抗四分之一波长处的性质(式(2-2-26))可得,B 处为开路,阻抗为无穷大,此时即使两接头之间机械接触不良有较大的接触电阻,B 处仍为开路,再经过四分之一波长,C 处为短路,即阻抗为 0。从而克服了平法兰接头之间相互连接存在接触电阻的缺点。两接头连接时中间加橡胶垫圈保持接口的水密性。扼流法兰接头与平法兰相互连接,虽无大面积机械接触,但具有十分良好的电接触,其特点是功率容量大,接触面光洁度要求相对不高,但工作频带较窄。

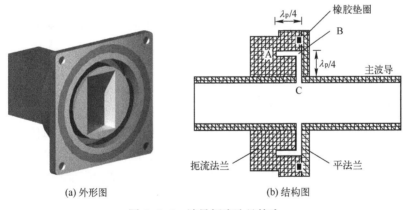

图 5-6-2 波导扼流法兰接头

三、扭波导和波导弯头

波导连接头除了法兰接头之外,还有各种扭转和弯曲元件(图 5-6-3)以满足不同需要。当需要改变电磁波的极化方向而不改变其传输方向时,用扭波导元件,如图 5-6-3 (a) 所示;当需要改变电磁波的方向时,可用波导弯头,波导弯头可分为 E 面弯头和 H 面弯头,分别见图 5-6-3 (b)、图 5-6-3 (c)。为了使反射最小,扭转长度应为 $(2n+1)\lambda_p/4$,E 面波导弯曲的曲率半径应满足 $R \geq 1.5b$,H 面波导弯曲的曲率半径应满足 $R \geq 1.5a$。

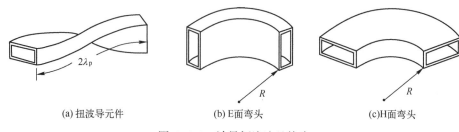

(a)扭波导元件　　　(b)E面弯头　　　(c)H面弯头

图 5-6-3　波导扼流法兰接头

第七节　微波铁氧体器件

铁氧体是一种人工烧结的磁性材料,主要成分为二价金属（如锰、镁、镍、锌、钡等）和铁的氧化物。它的相对介电常数为 10~20,是一种低损耗的介质,而它的电阻率较高,当微波频率的电磁波通过铁氧体时,导电损耗是非常小的,因此它对电磁波来说是透明的,电磁波可以进入内部与其发生相互作用；特别是铁氧体在外加恒定磁场的作用下,其磁导率表现出各向异性的特性,可利用该特性制作出多种非互易性器件,如隔离器、环行器等。

一、铁氧体磁导率张量与性质

微波材料主要区别在磁导率、介电常数、电导率三方面；铁氧体是磁导率与普通媒质不同导致其具有非互易性。各向同性微波材料磁导率为标量,用 μ_0 表示；但在恒定磁场作用下,铁氧体的标量磁导率变为张量磁导率,用 $[\mu]$ 表示,此时,铁氧体磁导率可表示为

$$[\mu]=\mu_0\begin{bmatrix} \mu_1 & 0 & j\mu_2 \\ 0 & 1 & 0 \\ -j\mu_2 & 0 & \mu_1 \end{bmatrix} \quad (5\text{-}7\text{-}1)$$

此时,外加微波磁场强度矢量与铁氧体内部磁化后的磁感应强度矢量的关系为 $\boldsymbol{B}=[\mu]\cdot\boldsymbol{H}$,即

$$\begin{bmatrix} B_x \\ B_y \\ B_z \end{bmatrix}=\mu_0\begin{bmatrix} \mu_1 & 0 & j\mu_2 \\ 0 & 1 & 0 \\ -j\mu_2 & 0 & \mu_1 \end{bmatrix}\begin{bmatrix} H_x \\ H_y \\ H_z \end{bmatrix} \quad (5\text{-}7\text{-}2)$$

展开式（5-7-2）得

$$\begin{cases} B_x = \mu_0(\mu_1 H_x + j\mu_2 H_z) \\ B_y = \mu_0 H_y \\ B_z = \mu_0(-j\mu_2 H_x + \mu_1 H_z) \end{cases} \quad (5\text{-}7\text{-}3)$$

由式（5-7-3）可看出，磁场强度矢量的方向与铁氧体内部磁感应强度矢量并不完全一致，其中 B_x，B_z 既取决于 H_x 分量，又取决于 H_z 分量，因此表现出各向异性的特性。如此，张量磁导率会使问题研究变得复杂化，为简化问题，如果外加给定磁场 H_0，使其 $H_y = 0$，且 $H_z = \pm j H_x$，这时式（5-7-3）可化为

$$\begin{cases} B_x = \mu_0(\mu_1 \mp \mu_2) H_x \\ B_y = 0 \\ B_z = \mu_0(\mu_1 \mp \mu_2) H_z \end{cases} \quad (5\text{-}7\text{-}4)$$

记作 $\boldsymbol{B} = \mu_0(\mu_1 \mp \mu_2)\boldsymbol{H}$，这时，张量磁导率退化为标量磁导率。其中，定义 $\mu_+ = \mu_0(\mu_1 - \mu_2)$，为对应正旋圆极化波的磁导率，$\mu_- = \mu_0(\mu_1 + \mu_2)$ 为对应负旋圆极化波的磁导率。若微波圆极化波磁场矢量的旋转方向与恒定磁场矢量成右手螺旋关系，则为正旋圆极化波；反之，若微波圆极化波磁场矢量的旋转方向与恒定磁场矢量成左手螺旋关系，则为负旋圆极化波。而磁导率 μ_1，μ_2 与铁氧体外加恒定磁场 H_0 有关，其关系曲线如图 5-7-1 所示。

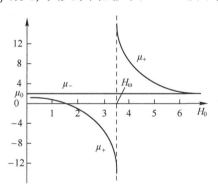

图 5-7-1 铁氧体磁导率与恒定磁场的关系

如图 5-7-1 所示，当 $H_0 = H_\omega$ 时，铁氧体工作在谐振区，此时外加恒定磁场较大，铁氧体产生铁磁共振现象，铁氧体会吸收正旋圆极化波能量，而不吸收负旋圆极化波能量；当恒定磁场 H_0 使 $\mu_+ < \mu_-$ 时，铁氧体工作在场移区，此时外加恒定磁场较小，铁氧体就会排斥正旋圆极化波而吸引负旋圆极化波，使沿波导正反两方向传输的波的场分布发生位移，利用此特性可制成场移式隔离器。

二、场移式铁氧体隔离器

隔离器又称为单向器,具有单向衰减特性,它对沿正向传输的电磁波衰减很小,而对沿反向传输的波衰减很大,铁氧体隔离器分为场移式铁氧体隔离器和谐振式铁氧体隔离器两种,下面着重介绍场移式铁氧体隔离器。

场移式铁氧体隔离器的结构如图 5-7-2 所示,铁氧体置于波导内部某个恰当位置,侧面加吸收膜或衰减片等衰减材料,波导外加恒磁材料,为铁氧体提供恒定磁场。

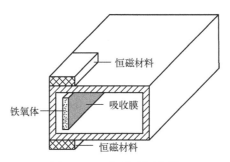

图 5-7-2 场移式隔离器

参照图 5-7-3(a),当电磁波传输方向为正向波时,假设铁氧体放在距离矩形波导窄边 x_1 处时,刚好满足 $H_y=0$,且 $H_z=\pm jH_x$ 条件,铁氧体张量磁导率可退化为标量磁导率。此时,假设外加恒定磁场 H_0 沿 y 轴正方向,电磁波沿 z 轴负方向传播,波导中传输的 TE_{10} 波的磁力线如图中虚线所示,磁力线方向用箭头标出。则观察 x_1 处某点 P 的磁场方向随时间变化而产生的旋转方向与恒定磁场 H_0 符合右手螺旋关系,因此 x_1 处为正旋圆极化波位置;同理,P′点处为负旋圆极化波。若此时铁氧体工作在场移区,则铁氧体就会排斥附近的正旋圆极化波,正旋圆极化波被排斥于远离铁氧体一端的波导内无衰减地传输通过,如图 5-7-3(b)所示。

同上述分析方法类似,若当电磁波传输方向为负向波时,如图 5-7-4(a)所示,则观察 x_1 处某点 P 的磁场方向随时间变化而产生的旋转方向与恒定磁场 H_0 符合左手螺旋关系,因此 x_1 处为负旋圆极化波位置;同理 P′点处为正旋圆极化波。若此时铁氧体工作在场移区,则铁氧体就会吸收附近的负旋圆极化波,使负向波贴近于铁氧体表面传输,被置于表面的吸收膜吸收,因而衰减很大,如图 5-7-4(b)所示。

谐振式铁氧体隔离器与场移式铁氧体隔离器在结构上非常相似,不过前者没有在铁氧体片上附加吸收膜等电阻层,它是依靠铁氧体自身的铁磁共振来吸收微波能量的。由于铁氧体铁磁共振频率等于微波频率,所以外加的恒定磁场要比场移式的大得多,所以其体积也较大。相比之下,场移式铁氧体隔离器具有体积小、重量轻、结构简单且工作频带较宽等特点,因此在小功率场合得到了较为广泛的应用。

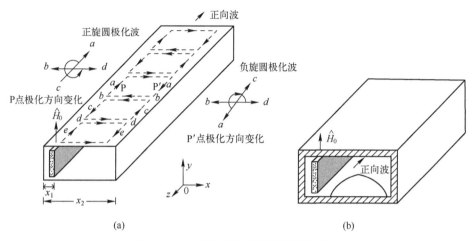

图 5-7-3　正向波的磁场圆极化示意图

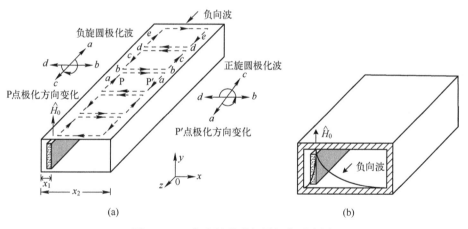

图 5-7-4　负向波的磁场圆极化示意图

三、铁氧体环行器

环行器是一种具有非互易特性的分支传输系统,常用的铁氧体环行器是 Y 形结环行器,如图 5-7-5 所示,它是由 3 个互成 120° 的角对称分布的分支线构成，也称为三端口环行器。

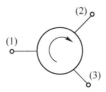

图 5-7-5　Y 形结铁氧体环行器

当没有外加磁场时，铁氧体没有被磁化，因此各个方向上的磁性是相同的，当信号从分支线（1）输入时，分支（2）和分支（3）条件相同，信号是等分输出的；但当外加合适磁场时，铁氧体磁化，由于各向异性的作用，分支（2）处有信号输出，而分支（3）处没有信号输出。同样，当由分支（2）输入时，分支（3）有输出，而分支（1）无输出。由分支（3）输入时，分支（1）有输出而分支（2）无输出。可见，它构成了（1）→（2）→（3）→（1）的单向环行流通，能量在端口间沿环行器的箭头方向传输，不能反向传输，故称为环行器。

理想三端口环行器是对称非互易网络，其散射矩阵为

$$[s] = \begin{bmatrix} 0 & 0 & 1 \\ 1 & 0 & 0 \\ 0 & 1 & 0 \end{bmatrix} \tag{5-7-5}$$

如图 5-7-6 和图 5-7-7 分别为铁氧体环行器在多波段雷达系统发射过程和接收过程中的应用。

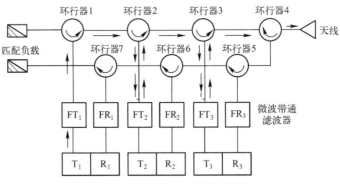

图 5-7-6　铁氧体环行器在多波段雷达系统发射过程中的应用

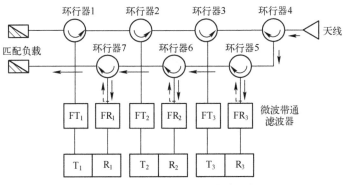

图 5-7-7 铁氧体环行器在多波段雷达系统接收过程中的应用

小　　结

本章首先介绍了微波电阻性元件及微波电抗性元件，其中电阻性元件包括匹配负载、衰减器，电抗性元件包括电容膜片、电感膜片和谐振窗；接着讨论了微波移相器，根据改变相移量的方法不同可分为相波长式移相器和波程式移相器，给出了上述元件的结构和移相原理；随后介绍了极化变化器，重点讨论了矩形波导定向耦合器，给出魔 T 的主要性质；然后讨论了微波连接元件，主要介绍了平法兰和扼流法兰两种波导接头以及扭波导、波导弯头等常用波导连接元件；最后讨论了微波铁氧体元件，包括场移式铁氧体隔离器和 Y 形结环行器的工作原理和相关特性及典型应用。

复习思考题

1. 简述线极化波和圆极化波是如何转换的。
2. 简述魔 T 的性质。
3. 简述图 1 中扼流法兰接头的工作原理。
4. 魔 T 可用于雷达天线收发开关中，如图 2 所示，简述图中发射过程和接收过程。
5. 简述图 3 中 Y 形结环行器在雷达天线收发开关中的作用。

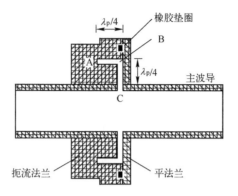

图 1　习题 3 图

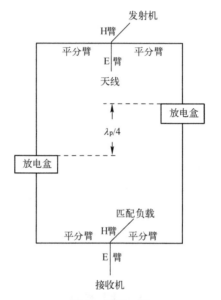

图 2　习题 4 图

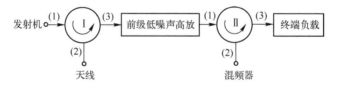

图 3　习题 5 图

第六章 天线辐射与接收原理

天线是无线电技术设备中用来发射或接收电磁波的装置，它广泛应用于无线电通信、雷达、导航、遥感、电子对抗和射电天文等领域，担负着换能器的任务，即把高频电流或波导形式的能量转换成空间电磁波能量，并定向地辐射（称为发射过程）或相反地转换过程（称为接收过程）。在传统的无线通信系统中，发射机所产生的已调制的高频电流能量（或导波能量）经馈线传输到发射天线，通过天线将其转换为某种极化的电磁波能量，并向所需方向辐射出去。到达接收点后，接收天线将来自空间特定方向某种极化的电磁波能量又转换为已调制的高频电流能量，经馈线送至接收机输入端。天线作为无线电通信系统中一个必不可少的重要设备，它的选择与设计是否合理，对整个系统的性能有很大影响，若天线设计不当，就可能导致整个系统不能正常工作。

天线的种类很多，按用途可将天线分为通信天线、广播电视天线、雷达天线等；按工作波长可将天线分为长波天线、中波天线、短波天线、超短波天线和微波天线等；按照方向性可分为全向天线和定向天线；按辐射元的类型可将天线分为线天线和面天线。所谓线天线是由半径远小于波长的金属导线构成，主要用于长波、中波和短波波段；面天线是由尺寸大于波长的金属或介质面构成的，主要用于微波波段，超短波波段则两者兼用。

本章从基本振子的辐射场出发，首先介绍电流元的近、远区场的特性，得到其辐射场的方向特性、归一化方向性函数和方向性图，而后引出天线的电参数，最后介绍接收天线的相关理论。

第一节 电流元的辐射场及方向特性

电流元是一段长度 l 远小于波长，电流 I 振幅均匀分布、相位相同的一小段细导线。它是线天线的基本组成部分，任意线天线均可看成是由一系列电流元构成的。下面介绍电流元的基本辐射特性。

如果将电流元中心放在球坐标系原点，且使电流元轴线与 z 轴重合时，如图 6-1-1 所示，可建立极坐标系。

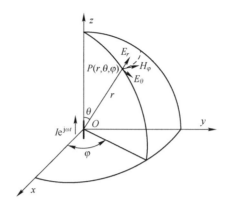

图 6-1-1　电流元坐标系及场方向示意图

则电流元周围的电磁场矢量就只有 3 个，即

$$\begin{cases} E_r = -\dfrac{Il}{4\pi}\eta_0\beta^2 2\cos\theta\left[\left(\dfrac{1}{j\beta r}\right)^2 + \left(\dfrac{1}{j\beta r}\right)^3\right]e^{-j\beta r} \\ E_\theta = -\dfrac{Il}{4\pi}\eta_0\beta^2 \sin\theta\left[\dfrac{1}{j\beta r} + \left(\dfrac{1}{j\beta r}\right)^2 + \left(\dfrac{1}{j\beta r}\right)^3\right]e^{-j\beta r} \\ H_\varphi = -\dfrac{Il}{4\pi}\beta^2 \sin\theta\left[\dfrac{1}{j\beta r} + \left(\dfrac{1}{j\beta r}\right)^2\right]e^{-j\beta r} \end{cases} \quad (6\text{-}1\text{-}1)$$

其中：$\eta_0 = \sqrt{\mu_0/\varepsilon_0} = 120\pi(\Omega)$ 为波阻抗；$\beta = 2\pi/\lambda = \omega\sqrt{\mu_0\varepsilon_0} = \omega/c$ 为相位常数；$\varepsilon_0 = (1/36\pi)\times 10^{-9}\text{F/m}$ 为介电常数；$\mu_0 = 4\pi\times 10^{-7}\text{H/m}$ 为磁导率；$c = 1/\sqrt{\mu_0\varepsilon_0} = 3\times 10^8\text{m/s}$ 为光速。

一、电流元电磁场的性质

研究图 6-1-1 和式（6-1-1）可知，电流元的电场有沿着 r 和 θ 方向的两个分量，即电场为 $\boldsymbol{E} = E_r\boldsymbol{e}_r + E_\theta\boldsymbol{e}_\theta$，而磁场仅有 φ 方向一个分量，即磁场为 $\boldsymbol{H} = H_\varphi\boldsymbol{e}_\varphi$，电场矢量和磁场矢量是相互垂直的。$E_r$、$E_\theta$ 和 H_φ 三个分量中的每一个都由几项组成，各项随距离的变化分别与 $1/\beta r$、$(1/\beta r)^2$、$(1/\beta r)^3$ 成正比。根据距离的远近可将电流元的场分为三个区域来讨论，这三个区域分别是近区场（$\beta r \ll 1$）、远区场（$\beta r \gg 1$）和中间区场。

（一）近区场（$\beta r \ll 1$）

在靠近电流元的区域，由于 $\beta r \ll 1$，因此 $1/\beta r > 1$，所以式（6-1-1）中应该保留高次项，此时电流元的近区场表达式变为

$$\begin{cases} E_r\left(\dfrac{1}{r^3}\right) = -\text{j}\dfrac{Il}{4\pi r^3}\dfrac{2}{\omega\varepsilon_0}\cos\theta\ \text{e}^{-\text{j}\beta r} \\ E_\theta\left(\dfrac{1}{r^3}\right) = -\text{j}\dfrac{Il}{4\pi r^3}\dfrac{1}{\omega\varepsilon_0}\sin\theta\text{e}^{-\text{j}\beta r} \\ H_\varphi\left(\dfrac{1}{r^2}\right) = \dfrac{Il}{4\pi r^2}\sin\theta\text{e}^{-\text{j}\beta r} \end{cases} \quad (6\text{-}1\text{-}2)$$

根据式（6-1-2），可以得到近区场区域的波印亭矢量 $\vec{S}_{av} = Re\left(\dfrac{1}{2}\boldsymbol{E}\times\boldsymbol{H}^*\right) = 0$，而微观上，波印亭矢量表示单位时间内电磁场通过单位表面积向外传递的能量。因此，在近区场，任意给定观察点处，波印亭矢量的实部都为零，这意味着电磁能量不能向四周扩散形成辐射，只是在电场和磁场以及场和源之间交换，称为近区感应场。

（二）远区场（$\beta r \gg 1$）

在实际工作中，收发两地之间的距离一般是较远的，即 r 很大。这种情况下，式（6-1-1）中的$(1/\beta r)^2$、$(1/\beta r)^3$ 项比起 $1/\beta r$ 项而言可忽略不计，于是电流元的电磁场表达式可简化为

$$\begin{cases} E_r\left(\dfrac{1}{r}\right) = 0 \\ E_\theta\left(\dfrac{1}{r}\right) = \text{j}\dfrac{I\beta l}{4\pi r}\eta_0\sin\theta\text{e}^{-\text{j}\beta r} \\ H_\varphi\left(\dfrac{1}{r}\right) = \text{j}\dfrac{I\beta l}{4\pi r}\sin\theta\text{e}^{-\text{j}\beta r} \end{cases} \quad (6\text{-}1\text{-}3)$$

根据远区场电流元的电磁场表达式，可以发现，电场 E_θ 与磁场 H_φ 的比值为 $E_\theta/H_\varphi = \eta_0 = 120\pi$ 是一个实数。因此，通常只讨论分析电场 E_θ（辐射场）而不讨论磁场。

此时，在远区场计算波印亭矢量为纯实数，即

$$\vec{S}_{av} = Re\left(\dfrac{1}{2}\boldsymbol{E}\times\boldsymbol{H}^*\right) = \dfrac{1}{2}\hat{\boldsymbol{e}}_\theta E_\theta\times\hat{\boldsymbol{e}}_\varphi H_\varphi^* = \hat{\boldsymbol{e}}_r\dfrac{|E_\theta|^2}{2\eta_0} = \hat{\boldsymbol{e}}_r\dfrac{1}{2}\eta_0|H_\varphi|^2 \quad (6\text{-}1\text{-}4)$$

这说明电流元在远区场的电磁能量是由近及远向四周扩散的，从而形成辐射，称为远区辐射场。根据辐射场 E_θ 的表达式可知，辐射场的强度与电流元上的电流强度、电流元长度成正比，电流元上电流强度越强，辐射场的强度也越强；辐射场的强度还与距离 r 成反比，当距离 r 增大时，辐射场就减小，这是因为辐射场是以球面波的形式向外扩散的，当距离 r 增大时，辐射能量分布到更大的球面面积上；同时，辐射场强度还受到 θ 的影响，θ 角不同，辐射场

的强度也不同,这一事实说明,电流元辐射场是具有方向性的。

（三）中间区场

近区场与远区场之间的区域场,称为中间区场,如图 6-1-2 所示。该区域中,感应场与辐射场相差不大,两个场都不占绝对优势,场的表达式必须用式（6-1-1）表示,哪一项都不能忽略不计。

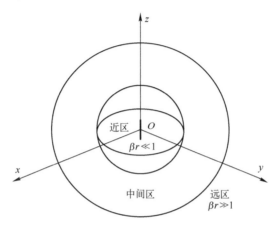

图 6-1-2 电流元的不同区域场划分

总而言之,在近区场,交变电磁场中感应场的成分远大于辐射场的成分,大部分能量被束缚在电流元周围很小的范围内不能向四周扩散;在远区场,交变电磁场中辐射场的成分远大于感应场的成分,电磁能量是由近及远向四周扩散;在中间区场,感应场与辐射场相当。无论近区场、远区场还是中间场,感应场和辐射场都是同时存在的,只是在不同区域内它们所占的优势不同而已。

二、电流元辐射场的方向性

实际工作中,接收天线往往位于发射天线的远区,因此仅考虑远区场,此时感应场可以忽略不计,只讨论远区辐射场,即

$$E_\theta\left(\frac{1}{r}\right) = j\frac{I\beta l}{4\pi r}\eta_0 \sin\theta e^{-j\beta r} = j\frac{60\pi Il}{\lambda r}\sin\theta e^{-j\beta r} \quad (6-1-5)$$

根据辐射场 E_θ 的表达式可得到以下结论。

（1）辐射场的强度与电流元上的电流强度、电流元长度成正比,电流元上电流强度越强,辐射场的强度也越强;

（2）辐射场的强度还与距离 r 成反比,当距离 r 增大时,辐射场就减小,这是因为辐射场是以球面波的形式向外扩散的,当距离 r 增大时,辐射能量分布到更大的球面面积上,衰减较慢可以到达较远的区域;

(3) 辐射场强度还受到 θ 的影响，θ 角不同，辐射场的强度也不同，这一事实说明，电流元辐射场是具有方向性的。

若观察点位于 $\theta=90°$ 方向时，则辐射场最大，若观察点位于 $\theta=0°$ 或 $\theta=180°$ 方向时，辐射场为零。而任何线天线都可以看成是无限多个电流元首尾相连构成的，因此线天线也是具有方向性的。

三、电流元的方向性函数

天线的方向性函数是用来描述天线的辐射作用在空间的相对分布的数学表达式，方向性图则是方向性函数的直观图解表示。为了更好地表述电流元或天线辐射场的方向性，首先介绍方向性函数。

方向性函数是用来表征天线辐射场随着方向角 θ 和 φ 变化的函数，其定义式为

$$f(\theta,\varphi) = \left| \frac{E(r,\theta,\varphi)}{\frac{60I}{r}} \right| \quad (6-1-6)$$

式中：$E(r,\theta,\varphi)$ 为天线在任意方向上的辐射场，对于电流元而言，其远区辐射场为式（6-1-5），根据方向性函数的定义式（6-1-6）可得电流元的方向性函数为

$$f(\theta,\varphi) = \left| \frac{\pi l}{\lambda} \sin\theta \right| \quad (6-1-7)$$

为了便于比较不同天线的方向性，需要将方向性函数进行归一化处理，称为归一化方向性函数，归一化方向性函数的定义式为

$$F(\theta,\varphi) = \frac{|E(r,\theta,\varphi)|}{E_{\max}(r)} = \frac{f(\theta,\varphi)}{f_{\max}} \quad (6-1-8)$$

式中：$E_{\max}(r)$ 为天线在最大辐射方向上的场强；$f_{\max}$ 为天线最大方向上的方向性函数值。

根据天线归一化方向性函数定义式，可得到电流元的归一化方向性函数

$$F(\theta,\varphi) = |\sin\theta| \quad (6-1-9)$$

如图 6-1-1 所示，θ 角的取值范围为 $0°<\theta<180°$，因此式（6-1-7）中绝对值符号可省略，且式（6-1-9）中绝对值符号也可省略。由于在图 6-1-1 中电流元的振子轴与 z 轴重合，因此电流元的方向性函数仅是 θ 的函数，与 φ 角无关。

四、电流元的方向性图

虽然方向性函数可准确表示天线辐射场随方向的变化规律，但不够直观，

为更直观地比较不同天线的方向性，可根据归一化方向性函数绘制天线的方向性图。它是指离天线一定距离处，辐射场的相对场强（归一化模值）随方向变化的曲线图，具体是以天线中心为坐标原点，作某方向的射线，在射线上截取长度等于该方向归一化方向性函数值的点，将所有方向上的点连接成的图。完整的方向性图通常为立体图，但画起来比较复杂，且在大多数情况下也没有必要，因此一般只需要画出两个相互垂直的主平面上的平面方向性图。所取的两个主平面一个是子午面，一个是赤道面。

（一）子午面

所谓子午面就是电矢量所在的平面，又称为 E 面。对于沿 z 轴放置的电流元而言，子午面是任意包含振子轴的平面，即 φ 为常数的平面，如图 6-1-3 所示。

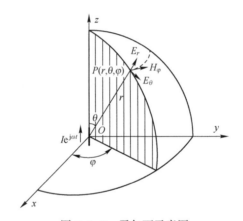

图 6-1-3　子午面示意图

（二）赤道面

所谓赤道面就是磁场矢量所在的平面，又称为 H 面。对于沿 z 轴放置的电流元而言，赤道面是过振子中心 O 且与振子轴垂直的平面，即 $\theta = 90°$ 的平面，如图 6-1-4 所示。

根据子午面和赤道面的定义可知，子午面可以有无穷多个，而赤道面只有一个。

对于电流元而言，电流元的归一化方向性函数为 $F(\theta,\varphi) = \sin\theta$。根据子午面和赤道面的定义，可得到电流元在子午面和赤道面的方向性图。

其中，在赤道面内

$$F(\theta,\varphi)|_{\theta=90°} = F(\varphi) = \sin 90° = 1 \qquad (6-1-10)$$

式（6-1-10）表明无论观察点的方向 φ 怎么变化，归一化方向性函数值始终等于1,所以电流元赤道面的方向性图始终是一个单位圆,如图 6-1-5 所示。

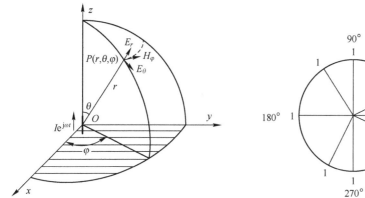

图 6-1-4　赤道面示意图　　　图 6-1-5　电流元赤道面方向性图

而在子午面内

$$F(\theta,\varphi)\big|_{\varphi=\text{常数}} = F(\theta) = \sin\theta \quad (6\text{-}1\text{-}11)$$

子午面内电流元的方向性与 θ 角有关,θ 角的取值可在 $0°<\theta<180°$ 范围内变化,因此,可根据不同 θ 角求得不同的方向性函数值,如表 6-1-1 所示。

表 6-1-1　电流元子午面方向性函数值表

$\theta/(°)$	0/180	15/165	30/150	45/135	60/120	75/105	90
$F(\theta)$	0	0.258	0.50	0.707	0.866	0.965	1

根据表 6-1-1,可以采用描点法在极坐标上描绘出电流元在子午面内的方向性图,如图 6-1-6 所示。

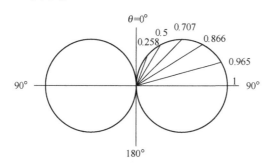

图 6-1-6　描点法电流元子午面方向性图

电流元子午面上方向性图除了采用描点法外,还可以采用概画法,首先可以令 $F(\theta,\varphi)\big|_{\varphi=\text{常数}} = F(\theta) = \sin\theta_0 = 0$ 可得电流元的零辐射方向为 $\theta_0 = 0°$ 或 $\theta_0 =$

$180°$；而后再令 $\partial F(\theta,\varphi)/\partial\theta=\cos\theta_M=0$ 可得电流元的最大辐射方向为 $\theta_M=90°$。从而根据电流元在子午面上零辐射方向和最大辐射方向的角度大概画出其方向性图，如图 6-1-7 所示。

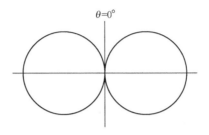

图 6-1-7　概画法电流元子午面方向性图

为了更直观、更全面地反映天线在三维空间中的方向性，有时需要绘制立体方向性图。对于电流元，可将电流元子午面的 ∞ 形方向性图（图 6-1-8（b））绕振子轴或赤道面方向性图轨迹（图 6-1-8（a））旋转半周，就形成了图 6-1-8（c）所示的立体方向性图。需要指出的是，这种旋转法绘制天线立体方向性图的前提是天线赤道面方向性图必须是一单位圆，否则只能用描点法绘制天线立体方向性图。

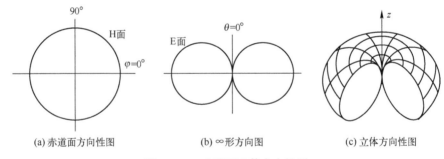

图 6-1-8　电流元立体方向性图

第二节　天线电参数

天线的基本功能是能量转换和定向辐射，而天线的电参数就是能定量表征其能量转换和定向辐射能力的量。天线的电参数除了上一节已经介绍过的方向性图，还包括主瓣张角、主瓣宽度、副瓣电平、方向性系数、天线效率、增益系数、有效长度，以及极化特性等。

一、主瓣张角和主瓣宽度

主瓣张角，又称为零功率波瓣宽度，用 $2\theta_0$ 表示，它是指天线方向性图主瓣两侧两个零辐射方向之间的夹角。

主瓣宽度，又称为半功率波瓣宽度，用 $2\theta_{0.5}$ 表示，它是指天线方向性图主瓣最大方向两侧的两个半功率方向之间的夹角。

要找到方向性图主瓣半功率方向所对应的角度，就需要建立功率与归一化方向性函数之间的关系，由式（6-1-4）和式（6-1-6）可推导得：

$$\vec{S}_{av}(r,\theta,\varphi)=\hat{e}_r\frac{15\,|I|^2}{\pi r^2}f^2(\theta,\varphi) \qquad (6\text{-}2\text{-}1)$$

根据式（6-2-1）可知，功率流密度与方向性函数的平方成正比，又根据功率流密度与功率成正比，方向性函数与归一化方向性函数成正比，因此半功率方向应该对应归一化方向性函数的数值为 $F(\theta_1)=F(\theta_2)=1/\sqrt{2}=0.7071$。

因此，θ_1 和 θ_2 是天线主瓣两侧的半功率方向，此时主瓣宽度为

$$2\theta_{0.5}=|\theta_1-\theta_2| \qquad (6\text{-}2\text{-}2)$$

根据上述主瓣张角和主瓣宽度的定义以及电流元方向性函数值表 6-1-1 可得，电流元的主瓣张角为 $2\theta_0=180°$，主瓣宽度为 $2\theta_{0.5}=135°-45°=90°$。需要注意的是，这里主瓣张角 $2\theta_0$ 和主瓣宽度 $2\theta_{0.5}$ 的表示是一个完整的符号。

如图 6-2-1 所示，图中虚线 1 表示电流元子午面的方向性图，实线 2 表示 $2l=0.5\lambda$ 的半波对称振子子午面方向性图，虚线 3 表示 $2l=\lambda$ 的全波对称振子子午面方向性图，实线 4 表示 $2l=1.25\lambda$ 的对称振子子午面方向性图。对称振子在后续章节会详细介绍，这里引入仅是为说明主瓣张角和主瓣宽度如何表征天线的方向性。

图中可明显看出，电流元、半波对称振子、全波对称振子的主瓣张角均为 $2\theta_0=180°$，而 $2l=1.25\lambda$ 的对称振子具有副瓣，其主瓣张角明显小于 $180°$；图中还可以明显看出，方向性图从 1~4，天线主瓣逐渐变窄，导致主瓣宽度也随之变小，前面计算过电流元的主瓣宽度为 $2\theta_{0.5}=90°$，而实际，半波对称振子的主瓣宽度为 $2\theta_{0.5}=78°$，全波对称振子的主瓣宽度为 $2\theta_{0.5}=47.8°$，$2l=1.25\lambda$ 的对称振子主瓣宽度为 $2\theta_{0.5}=32.6°$。

因此，主瓣张角 $2\theta_0$ 和主瓣宽度 $2\theta_{0.5}$ 都可以用来描述天线方向性强弱；主瓣张角和主瓣宽度越窄，天线的方向性越强；相比之下，主瓣宽度比主瓣张角更能说明天线辐射能量的集中程度。

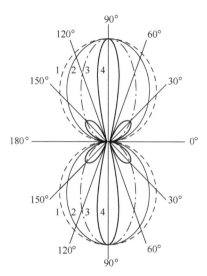

图 6-2-1 对称振子子午面方向性图

二、副瓣电平

通常情况下,副瓣和旁瓣会对天线或雷达性能产生一定影响,有一部分电磁能量可通过副瓣或旁瓣辐射到不需要的方向上,一方面对天线造成电磁能量的浪费,另一方面可能形成回波干扰。如果干扰信号恰好在副瓣最大方向上,则接收到的噪声功率较高,此时干扰较大,对雷达而言,如果副瓣较大,副瓣产生的噪声目标会对主瓣形成的目标造成干扰,从而造成目标失落。在设计天线时,通常希望天线方向性图的副瓣和旁瓣应该尽可能小。而天线方向性图一般都有这样一条规律,即离主瓣越远的旁瓣越小。因此副瓣的大小,在某种意义上反映了天线方向性的好坏。为了衡量副瓣的大小,引入了副瓣电平。

副瓣电平是指离主瓣最近且电平最高的第一旁瓣电平,它定义为在等距离情况下,天线某个主平面上最大副瓣在其最大辐射方向(θ_1, φ_1)的场强与主瓣上最大辐射方向(θ_M, φ_M)场强平方之比的分贝数。定义式为式(6-2-3),一般以分贝表示。

$$\text{SLL} = 10\lg\left|\frac{E(r, \theta_1, \varphi_1)}{E(r, \theta_M, \varphi_M)}\right|^2 = 20\lg\left|\frac{E(r, \theta_1, \varphi_1)}{E(r, \theta_M, \varphi_M)}\right| = 20\lg[F(\theta_1, \varphi_1)] \text{ (dB)}$$

(6-2-3)

根据式(6-2-3)可知,副瓣电平 SLL 是一个负值,那么副瓣电平的值越大越好还是越小越好?例如,SLL= -20dB 这意味着最大副瓣在其最大方向的辐射场强是主瓣最大方向辐射场强的 1/10;SLL= -40dB 意味着最大副瓣在其最大方向的辐射场强是主瓣最大方向辐射场强的 1/100。因此，副瓣电平的绝对值越大，意味着副瓣越小。

三、方向性系数

方向性图可以形象地表示出天线的方向性，为了更精确地比较不同天线的方向性，有必要再规定一个表示方向性的电参数——方向性系数。它的定义是：在辐射功率相同的条件下，被研究天线在它最大辐射方向上某一距离处的辐射功率密度，与无方向性天线（参考天线）在同一距离处辐射功率密度之比，并记作 D，如图 6-2-2 所示。

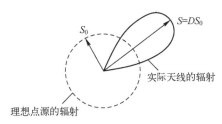

图 6-2-2 方向性系数说明

方向性系数还可定义为：在辐射功率相同的条件下，被研究天线在它最大辐射方向上某一距离处的场强，与无方向性天线（参考天线）在同一距离处场强的平方之比。由上述两个定义出发，可导出方向性系数的基本计算公式：

$$D = \frac{S_{\max}}{S_0}\bigg|_{P_\Sigma = P_{\Sigma 0}} = \frac{E_{\max}^2}{E_0^2}\bigg|_{P_\Sigma = P_{\Sigma 0}} \tag{6-2-4}$$

式中：P_Σ 为被研究天线的辐射功率；$S_{\max}$ 和 $E_{\max}$ 分别为被研究天线在最大辐射方向上距离 r 处产生的辐射功率密度和场强；$P_{\Sigma 0}$ 为理想的无方向性天线的辐射功率，在相同距离 r 处产生的辐射功率密度和场强为 S_0 和 E_0。

如图 6-2-1，其中电流元的方向性系数为 1.5，半波对称振子方向性系数为 1.64，全波对称振子方向性系数为 2.41。可见，天线的方向性系数越大，天线的辐射越集中。

四、天线（辐射）效率

输入到天线的功率并非全部都能以电磁波能量的形式向外空间辐射，有一部分功率在天线中损耗掉。效率表示天线是否能够有效地转换能量，它是天线的重要指标之一。天线的效率也就是最大功率（辐射功率）与最佳功率（输入功率）之比，天线的辐射效率由下式定义：

$$\eta_A = \frac{P_{\max}}{P_{\text{opt}}} \tag{6-2-5}$$

式中：$P_{\max}$ 为天线最大功率，也称辐射功率；P_{opt} 为天线的最佳功率，也称输入功率。发射天线的功率损耗包括天线系统中的热损耗、介质损耗、感应损耗等。损耗功率可用 P_1 表示，因此损耗功率可用最大功率和最佳功率表示

$$P_1 = P_{\text{opt}} - P_{\max} \tag{6-2-6}$$

因此，损耗功率 P_1 越小，天线的辐射效率就越接近 1，说明天线越能有效地转换能量。天线的效率一般用百分数表示，对于长波、中波天线，由于波长较长，而天线的长度往往不可能取得很长，因此电长度 l/λ 较小，它的辐射能力自然很低，天线效率也较低。此外，它和馈电系统间的匹配也较差，通常长波天线的效率为 10%~40%，中波天线的效率为 70%~80%，而超高频天线的效率一般较高，接近于 1。

五、增益系数

方向性系数是在辐射功率相同条件下定义的，它只考虑了天线的方向性，而没有考虑天线的效率；若天线方向性很强，但其辐射效率很低，则在输入功率相同的条件下，最大辐射方向上的场强依然会很小，因此需要引入一个能够反映天线效率的方向性参数。

增益系数可以综合衡量天线能量转换和方向特性的参数，它是方向性系数与天线效率的乘积，记作 G，即

$$G = D \cdot \eta_A \tag{6-2-7}$$

由式（6-2-7）可见：天线方向性系数越高，则增益系数越高。增益系数 G 比方向性系数 D 更能完整地反映天线转换和辐射电磁功率的性能。

对于增益系数的物理意义，可用实际天线最大辐射方向上场强与输入功率之间的关系来表述：

$$|E_{\max}| = \frac{\sqrt{60 G P_{\text{opt}}}}{r} \tag{6-2-8}$$

假设天线为理想的无方向性天线，即 $D=1$，$\eta_A=1$，$G=1$，则它在空间各方向上辐射场的场强为

$$|E_{\max}| = \frac{\sqrt{60 P_{\text{opt}}}}{r} \tag{6-2-9}$$

可见，天线的增益系数描述了天线与理想的无方向性天线相比在最大辐射方向上将输入功率放大的倍数。

实践中，强方向性天线的增益系数经常用分贝数来表示，即
$$G(\mathrm{dB}) = 10\lg G(\mathrm{dB}) \tag{6-2-10}$$
需要指出的是，式（6-2-10）中的增益 G 为数值，而不是分贝数。若实际中给出的是天线增益的分贝数，则需要用式（6-2-10）换算成数值。

六、有效长度

一般来说，线天线上的沿线电流振幅分布是不均匀的，这使天线上各单元的辐射作用也不均匀，因此，不能直接用天线的长度来反映天线的辐射能力。

天线在空间的辐射场强与天线上电流分布有关，方向性图能够表示出不同方向上辐射电磁场的相对强度，但不能给出空间某点的场强的绝对值。为了衡量线天线的辐射能力，把天线在最大辐射方向的电场强度和天线馈电点电流联系起来，引入有效长度 l_e 的概念。

它的定义是：某天线的有效长度是一假想的天线长度 l_e，此假想天线上的电流分布为均匀分布，电流大小等于该实际天线的波腹电流（或馈电点电流），并且此天线在最大辐射方向产生的场强等于该实际天线在最大辐射方向的场强。

与电流元相比，任何线天线最大辐射方向的辐射场均可写为
$$E_{\max}(r) = \frac{60\pi I l_e}{\lambda r} \tag{6-2-11}$$
显然，对于给定的参照电流来说，若某个天线的有效长度较长，则说明它在最大辐射方向的辐射场比较大。有效长度是衡量天线最大辐射方向辐射场大小的一个参数。

七、极化特性

发射天线所辐射的电磁场都是有一定极化特性的。由于天线的远区场 E 和 H 相互垂直，两者极化情况一致，因此天线的极化特性只看其中的电场即可。天线极化的定义为在最大辐射方向上电场矢量的空间取向随时间的变化方式。天线的极化可分为线极化、圆极化和椭圆极化。线极化又可分为水平极化和垂直极化，如图 6-2-3 所示；圆极化可由两正交且具有 90° 相位差的等幅线极化产生。根据电场矢量端点旋转方向的不同，圆极化可以是右旋圆极化，也可以是左旋圆极化。在天线技术中，一般规定：顺着传播方向看去，电场矢量端点旋转方向是顺时针的，则称为右旋极化，反之称为左旋极化。

天线在某方向上的极化如下：
（1）对发射天线，天线在该方向所辐射电波的极化；

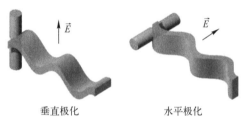

垂直极化　　　　　　水平极化

图 6-2-3　水平极化和垂直极化

（2）对接收天线，天线在该方向接收获得最大接收功率（极化匹配）时入射平面波的极化。

根据天线辐射的电磁波是线极化、圆极化或椭圆极化，相应的天线称为线极化天线、圆极化天线及椭圆极化天线。

（1）线极化，场矢量只有一个分量，或者长矢量有两个相同或反相的正交线分量。

（2）圆极化，场矢量有两个正交线极化分量，且两个正交线极化分量等幅、相位差为±90°。

（3）椭圆极化，既不是线极化也不是圆极化。

由于不同极化的电磁波在传播时有不同的特点，所以根据天线任务不同，要对天线所辐射的电磁波的极化特性提出要求，天线辐射预定（要求）极化的电磁波称为主极化，天线可能会在非预定的极化上辐射不需要的能量，这种不需要的辐射称为交叉极化或寄生极化。对线极化天线来说，交叉极化方向和预定的极化方向相垂直；对于圆极化来说，交叉极化可以看成与预定极化旋转方向相反的分量。

交叉极化携带能量，对主极化是一种损失，要设法消除，但对收发共用天线或双频共用天线（频率复用天线），则利用主极化和交叉极化特性，达到收发隔离或双频隔离。

一般而言，场为椭圆极化，而线极化和圆极化是椭圆极化的特例。

若接收天线的极化与来波方向的极化不同，就是所谓的极化失配。此时，天线从来波中截获的功率达不到最大。如果接收天线的极化与来波方向的极化相同，天线从来波中截获的功率达到最大，称为极化匹配，此时没有极化损耗。

在天线架设时也要注意发射天线与接收天线的极化匹配。有时为了通信需要，将线极化天线与圆极化天线一起使用，此时极化失配因子为 0.5，接收能量有一半损失，但通信不会中断。

第三节 天线互易性定理

接收天线的主要功能是将电磁波能量转化为高频电流（或波导）能量。当把接收天线放在外来无线电波的场内时，接收天线就感应出电流，并在接收天线输出端产生一个电动势。此电动势就通过馈线向无线电接收机输送电流。从接收天线的功能可知，接收天线和发射天线的作用是一个可逆过程，按照工程上可逆能量转换器的共同规律，同一天线用作发射和用作接收时的性能是相同的。下面将通过互易性原理来证明这一点。

对于图 6-3-1（a）所示的无源二端口网络，设 1-1 端口接有内阻抗 Z_1 的电源，其电动势为 e_1，该端口的输入电流为 I_1；2-2 端口接有负载阻抗 Z_2，输出电流为 I_{12}。如图 6-3-1（b）所示，把 1-1 端口的电源去掉，换成与原来电源内阻抗 Z_1 相等的负载阻抗，再把 2-2 端口换成内阻抗与原来负载阻抗 Z_2 相等的电源，其电动势为 e_2。这时 2-2 端口的输入电流为 I_2，1-1 端口的输出电流为 I_{21}。根据电路理论，e_1、e_2、I_{12}、I_{21} 有如下关系：

$$\frac{e_1}{I_{12}} = \frac{e_2}{I_{21}} \tag{6-3-1}$$

这就是网络中的互易原理。将电路理论中的互易原理应用于天线的分析中，即可得到天线互易性原理。

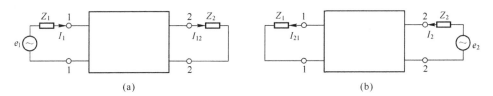

图 6-3-1　网络理论中的互易原理

设两个任意相同或不相同的天线 1 和 2，安放在任意的相对位置，它们间的距离充分远，没有其他场源，空间的媒质是线性且各向同性的，则两天线之间的电信道可以看成是一线性无源四端口网络，如图 6-3-2 所示，故可以应用互易性原理。这里对于空间媒质是否均匀并没有特殊要求，媒质的电参数可以从一点到另一点任意地变化，也可以存在若干个不连续分界面，重要的是媒质的电参数与场强无关，且其特性与传播方向也没有关系，这在大多数情况下均能满足。

根据收发天线互易性可以得到，接收天线将空间电磁波能量转换成高频电流能量,其工作过程是发射天线的逆过程,即同一天线作为发射天线与接收天线时的电参数是相同的,即天线的归一化方向性函数、天线效率、天线增益系数、有效长度等都是相同的,只是物理含义不同。

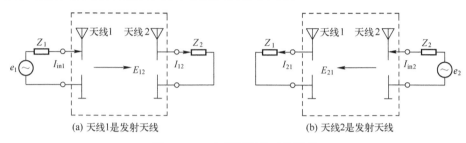

图 6-3-2 收发天线的互易原理

但作为接收天线时,有效接收面积是一个衡量天线接收无线电波能力的重要指标。它的定义为:当天线以最大接收方向对准来波方向进行接收时,接收天线传送到匹配负载的最佳接收功率为 P_{opt},如假定此功率是由一块与来波方向相垂直的面积所截获,则这个面积就称为接收天线的最佳有效接收面积,记为 A_e。

$$A_e = \frac{P_{opt}}{S_{av}} \qquad (6-3-2)$$

其中,S_{av} 是天线接收到的外来电磁波的平均功率流密度:

$$S_{av} = \frac{1}{2}\frac{E^2}{\eta} = \frac{E^2}{240\pi} \qquad (6-3-3)$$

接收功率可表示为

$$P_{opt} = \frac{E^2 \lambda^2 D}{960\pi^2} \qquad (6-3-4)$$

根据接收天线有效接收面积公式可得:

$$A_e = \frac{\lambda^2}{4\pi} D \qquad (6-3-5)$$

如果已知天线的方向性系数 D,就可以得到天线的有效接收面积。若天线的方向性系数越大,说明天线接收功率越大,则有效接收面积也越大。但有时考虑到天线的效率问题,常用最大有效面积来衡量天线接收外来电波的能力。最大有效面积定义为最大接收功率 P_{max} 与功率流密度 S_{av} 之比,用 A_{emax} 表示。

$$A_{emax} = \frac{P_{max}}{S_{av}} = \frac{\eta_A P_{opt}}{S_{av}} = \frac{\lambda^2}{4\pi} D \eta_A = A_e \eta_A = \frac{\lambda^2}{4\pi} G \qquad (6-3-6)$$

小　结

本章首先介绍了天线的基本功能、种类以及分析天线的一般方法；接着从基本阵子的辐射场出发，讨论了天线的近区场、远区场的特性，得到了电流元的方向性函数和方向性图；而后引出了天线的电参数，主要包括方向性图、主瓣张角、主瓣宽度、副瓣电平、方向性系数、天线效率、增益系数、有效长度和极化特性等，详细讨论了各参数的定义及物理意义；最后介绍了接收天线理论，讨论了天线互易性定理和接收天线的有效接收面积参数。

复习思考题

1. 简述天线的功能和分类。
2. 天线的电参数都有哪些？其中哪些可以用来衡量天线的方向性。
3. 按极化方式，天线可分为哪几种？极化方式可通过什么方法来相互转换？
4. 简述为什么常用圆极化波抗雨雪干扰。
5. 简述天线互易性定理。

第七章 线 天 线

天线尺寸都接近于工作波长的整数倍或半整数倍的细长结构的天线称为线天线。它们广泛应用于通信、雷达等无线电系统中。本章首先从等效传输线理论出发,由易到难,依次介绍对称振子天线的辐射特性、方向性函数和方向性图;介绍天线阵的方向性理论及方向性图乘积定理;对工程中常用的引向天线和裂缝波导天线的工作原理和辐射特性进行详细分析。

第一节 对称振子天线

电流元只是组成天线的基本单元,为了说明天线的辐射特性,下面介绍线天线的基本形式——对称振子天线。

对称振子天线是由两段粗细和长度都相同的导线构成,每一段的长度为l,中间间隙很小,在间隙处由传输线馈电,如图7-1-1所示。对称振子的一半称为振子臂,长度为l。

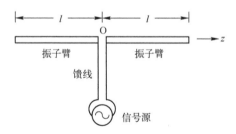

图7-1-1 对称振子结构图

对称振子是一种广泛应用、结构简单的线天线,它既可以单独使用,也可以作为阵列天线的组成单元,还可以作为某些微波天线的馈源。

一、对称振子的电流分布

对称振子两臂中间馈以高频电动势,则在对称振子的两臂将产生一定的电流和电荷分布,这种电流分布就在其周围空间激发电磁场,电磁能量将不断地向空间辐射。如果知道了对称振子两臂上的电流分布,就可以通过求解麦克斯韦方程而求得振子周围空间的电磁场分布。要求出振子上的电流分布的严格解可以利用导体的边界条件,即电场强度的切线分量和磁场强度的法相分量等于零的条件。但是对于这样一种简单几何形状的天线,要精确地求出振子上的电流电荷分布及其产生的电磁场,将会遇到复杂的数学运算,这在工程上往往是不适用的。通常工程上需要寻求简单近似的处理方法。

由图 7-1-2 可以看出,对称振子可被看成是末端开路的平行双线打开而形成的。对称振子的长度 $2l$ 可以和工作波长 λ 相比拟,因此和传输线一样是一个分布参数系统,线上各处电流振幅不等。根据平行双线打开形成振子臂长度的不同,得到的对称振子也不同。若 $2l = \lambda/2$,称为半波对称振子,若 $2l = \lambda$,则称为全波对称振子。

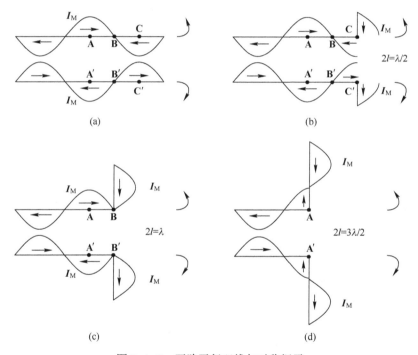

图 7-1-2 开路平行双线与对称振子

由于对称振子天线的两个臂一个向上张开,一个向下折,当两者在一条直线上时,空间指向则相差 180°,这一因素与电流在时间相位上相差 180° 相补偿。因而对统一的坐标而言,两臂对应线端上的电流流向相同,相位也相同,即在直线对称振子两臂的对应线段上,电流是等幅同相的。对于无限细的对称振子而言,振子上的电流分布和无耗开路双线传输线上的电流分布完全一致,即为正弦分布(或驻波分布)。

若建立如图 7-1-3 所示的坐标系，以馈电中心作为坐标原点，把对称振子轴设为 z 轴，此时振子上的电流分布可表示为

$$I(z)=I_M\sin[\beta(l-|z|)] \tag{7-1-1}$$

式中：I_M 为对称振子上的波腹电流振幅值；β 为对称振子上电流传输的相位常数。在对称振子左臂 $-z$ 点和右臂 z 点各选取一长度为 dz 的一小段，则左右两臂对称位置 $\pm z$ 处的电流相等，均表示为

$$I(z)=I_M\sin[\beta(l-z)] \quad (z>0) \tag{7-1-2}$$

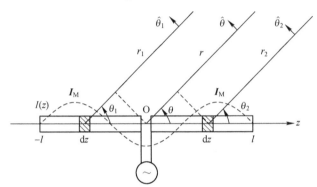

图 7-1-3　对称振子的辐射场坐标系

二、对称振子的辐射场

确定了对称振子上的电流分布后，就可以计算其辐射场。由于对称振子是分布参数系统，因此其电流会随时间和位置的变化而变化，而在第六章已经求得了电流元的辐射场，电流元的电流是均匀分布的。如果将对称振子分成许多个小段，则每个小段都可以看作一个电流元，根据叠加定理，则对称振子的辐射场就等于这些无数小段基本振子辐射场的叠加。如图 7-1-3 所示，在对称振子左右两振子臂上各取任意一电流元 dz，其电流为 $I(z)$，θ_1，θ_2 分别为选取的两个电流元到观察点的电磁波射线与 z 轴的夹角，θ 为馈电中心到观察点的电磁波射线与振子轴的夹角。r_1，r_2 分别为所选电流元到观察点的距离，r 为对称振子中心点到观察点的距离。

在远区，因为 $r \gg 2l$，则每个电流元到观察点的射线都近似认为是平行的，即 $\theta_1 \approx \theta_2 \approx \theta$，而两电流元到观察点的距离 r_1，r_2 可根据 θ 分别表示为

$$\begin{aligned}r_1&=r+z\cos\theta\\r_2&=r-z\cos\theta\end{aligned} \tag{7-1-3}$$

将式（7-1-2）和式（7-1-3）分别代入到电流元辐射场公式（6-1-5）

中，可得对称振子左右两臂所选取电流元的辐射场 $dE_左$，$dE_右$，分别表示为

$$dE_左 = j\frac{60\pi I_M \sin[\beta(l-z)]dz}{\lambda r_1}\sin\theta e^{-j\beta r_1}$$
$$\approx j\frac{60\pi I_M \sin[\beta(l-z)]dz}{\lambda r}\sin\theta e^{-j\beta(r+z\cos\theta)} \tag{7-1-4}$$

$$dE_右 = j\frac{60\pi I_M \sin[\beta(l-z)]dz}{\lambda r_2}\sin\theta e^{-j\beta r_2}$$
$$\approx j\frac{60\pi I_M \sin[\beta(l-z)]dz}{\lambda r}\sin\theta e^{-j\beta(r-z\cos\theta)} \tag{7-1-5}$$

需要注意的是，上述两式分母中的 r_1，r_2 可近似等于 r，但指数项中的 r_1，r_2 则不能认为是近似等于 r 的，因为它们和 r 之间的波程差 $z\cos\theta$ 所引起的相位差是周期性的，极小的波程差就能引起相当于几十度的相位差。

左右两臂各自的辐射场可由左右两臂上电流元辐射场分别对左右臂长度的积分求得，即

$$E_左 = j\frac{60\pi I_M}{\lambda r}\sin\theta e^{-j\beta r}\int_0^l \sin[\beta(l-z)]e^{-j\beta z\cos\theta}dz$$
$$E_右 = j\frac{60\pi I_M}{\lambda r}\sin\theta e^{-j\beta r}\int_0^l \sin[\beta(l-z)]e^{j\beta z\cos\theta}dz \tag{7-1-6}$$

对称振子在观察点产生的辐射场为振子左右两臂辐射场的叠加，因此，得到整个对称振子的总辐射场为

$$E_\theta(r,\theta,\varphi) = E_左 + E_右$$
$$= j\frac{60\pi I_M}{\lambda r}\sin\theta e^{-j\beta r}\int_0^l \sin[\beta(l-z)](e^{-j\beta z\cos\theta} + e^{j\beta z\cos\theta})dz$$
$$= j\frac{60 I_M}{r}\frac{\cos(\beta l\cos\theta) - \cos(\beta l)}{\sin\theta}e^{-j\beta r}$$

$$\tag{7-1-7}$$

因为每个电流元的辐射场都是沿 e_θ 方向，所以整个对称振子的辐射场也只有 E_θ 分量。对称振子辐射场除了与 θ 有关，还与 βl 有关，即与电长度 l/λ 有关。

对于半波对称振子，$2l = \lambda/2$，即 $\beta l = 2\pi l/\lambda = \pi/2$，代入到式（7-1-7）中可得半波对称振子的辐射场为

$$E_{\theta半} = j\frac{60 I_M}{r}\frac{\cos\left(\frac{\pi}{2}\cos\theta\right)}{\sin\theta}e^{-j\beta r} \tag{7-1-8}$$

对于全波对称振子，$2l=\lambda$，即 $\beta l=2\pi l/\lambda=\pi$，代入到式（7-1-7）中可得全波对称振子的辐射场为

$$E_\theta = j\frac{60I_M}{r}\frac{\cos(\pi\cos\theta)+1}{\sin\theta}e^{-j\beta r}$$

$$= j\frac{120I_M}{r}\frac{\cos^2\left(\dfrac{\pi}{2}\cos\theta\right)}{\sin\theta}e^{-j\beta r} \qquad (7\text{-}1\text{-}9)$$

三、对称振子的方向性

（一）对称振子的方向性函数

根据方向性函数与辐射场的关系，即将式（7-1-7）代入到式（6-1-6），可得到对称振子的方向性函数，若令 $I=I_M$，得到以 I_M 做参照的对称振子的方向性函数为

$$f(\theta,\varphi)=\left|\frac{\cos(\beta l\cos\theta)-\cos(\beta l)}{\sin\theta}\right| \qquad (7\text{-}1\text{-}10)$$

由此可看出，若对称振子的振子轴沿 z 轴放置，其方向性函数仅是 θ 的函数，与 φ 角无关。如果对称振子的振子轴不是沿 z 轴放置的，则对称振子的辐射场表达式和方向性函数就会变得复杂。与对称振子的辐射场类似，对称振子的方向性函数除了与 θ 有关，还与 βl 有关，即与电长度 l/λ 有关。

对于半波对称振子，$2l=\lambda/2$，即 $\beta l=2\pi l/\lambda=\pi/2$，代入到式（7-1-10）中，可得半波对称振子的方向性函数：

$$f(\theta,\varphi)=\frac{\cos\left(\dfrac{\pi}{2}\cos\theta\right)}{\sin\theta} \qquad (7\text{-}1\text{-}11)$$

对于全波对称振子，$2l=\lambda$，即 $\beta l=2\pi l/\lambda=\pi$，代入到式（7-1-10）中，可得全波对称振子的方向性函数：

$$f(\theta,\varphi)=\frac{\cos(\pi\cos\theta)+1}{\sin\theta}=\frac{2\cos^2\left(\dfrac{\pi}{2}\cos\theta\right)}{\sin\theta} \qquad (7\text{-}1\text{-}12)$$

（二）对称振子的归一化方向性函数

根据天线归一化方向性函数的定义式（6-1-8），所得到的对称振子归一化方向性函数应该等于方向性函数除以天线最大方向上的方向性函数值 $f_{\max}$，但最大方向性函数值 $f_{\max}$ 是受天线电长度影响的，如图 7-1-4 所示。图 7-1-4（a）中虚线 1 表示电流元子午面的方向性图，实线 2 表示 $2l=0.5\lambda$ 的半波对称振

子子午面方向性图，虚线 3 表示 $2l=\lambda$ 的全波对称振子子午面方向性图，实线 4 表示 $2l=1.25\lambda$ 的对称振子子午面方向性图；图 7-1-4（b）为 $2l=2\lambda$ 的对称振子子午面方向性图。

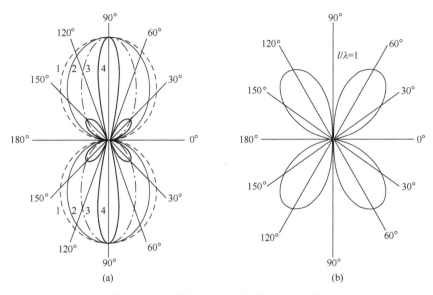

图 7-1-4　不同电长度对称振子的方向性

事实证明，当电长度满足 $l/\lambda \leqslant 0.5$ 时，对称振子方向性图形状为 "8" 字形，在 $\theta = 90°$ 方向上辐射最大，且随着电长度增大，方向性图变得更尖锐；当电长度满足 $l/\lambda \geqslant 0.5$ 时，对称振子方向性图除了主瓣以外，还会出现副瓣；当 $l/\lambda \leqslant 0.7$ 时，对称振子方向性图最大辐射方向还在 $\theta = 90°$ 方向上；但当 $l/\lambda > 0.7$ 后，对称振子最大辐射方向就不在 $\theta = 90°$ 方向上了；当 $l/\lambda = 1$ 时，$\theta = 90°$ 方向的辐射场变为零，而在 $\theta \approx 60°$ 方向上，场的叠加结果变为最大。因此为便于分析和应用，工程上几乎不用电长度较长的对称振子，一般选 $l/\lambda \leqslant 0.7$，即最大辐射方向仍在 $\theta = 90°$ 方向上的对称振子。

当 $l/\lambda \leqslant 0.7$，此时再根据式（7-1-10），可得到对称振子在最大方向上的方向性函数值：

$$f_{\max} = f(\theta,\varphi)\big|_{\theta=90°} = \frac{\cos(\beta l\cos\theta) - \cos(\beta l)}{\sin\theta}\bigg|_{\theta=90°} = 1 - \cos(\beta l) \quad (7\text{-}1\text{-}13)$$

再根据天线归一化方向性函数定义式（6-1-8），可得电长度 $l/\lambda \leqslant 0.7$ 的对称振子归一化方向性函数：

$$F(\theta,\varphi) = \frac{\cos(\beta l\cos\theta) - \cos(\beta l)}{[1 - \cos(\beta l)]\sin\theta} \quad (7\text{-}1\text{-}14)$$

需要注意的是式（7-1-4）等号右边省略了绝对值符号，若计算结果为负值时应取绝对值。

对于半波对称振子，$2l=\lambda/2$，即 $\beta l=2\pi l/\lambda=\pi/2$，则 $f_{\max}=1$，其归一化方向性函数为

$$F(\theta,\varphi)_{\text{半}}=f(\theta,\varphi)=\frac{\cos\left(\dfrac{\pi}{2}\cos\theta\right)}{\sin\theta} \qquad (7-1-15)$$

对于全波对称振子，$2l=\lambda$，即 $\beta l=2\pi l/\lambda=\pi$，则 $f_{\max}=2$，其归一化方向性函数为

$$F(\theta,\varphi)_{\text{全}}=\frac{1}{2}f(\theta,\varphi)=\frac{\cos(\pi\cos\theta)+1}{2\sin\theta}=\frac{\cos^2\left(\dfrac{\pi}{2}\cos\theta\right)}{\sin\theta} \qquad (7-1-16)$$

（三）对称振子的方向性图

根据对称振子归一化方向性函数（7-1-14），可绘制电长度 $l/\lambda \leqslant 0.7$ 的对称振子在赤道面和子午面上的方向性图。

对称振子在赤道面（$\theta=90°$）内的归一化方向性函数为

$$F(\theta,\varphi)|_{\theta=90°}=F(\varphi)=1 \qquad (7-1-17)$$

因此，电长度 $l/\lambda \leqslant 0.7$ 的对称振子在赤道面内的归一化方向性函数值等于常数 1，方向性图为一单位圆，如图 7-1-5 所示。

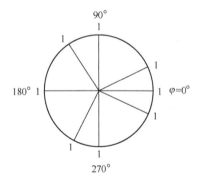

图 7-1-5 对称振子赤道面方向性图

对称振子在子午面（$\varphi=$ 常数）内的归一化方向性函数为

$$F(\theta,\varphi)|_{\varphi=\text{常数}}=F(\theta)=\frac{\cos(\beta l\cos\theta)-\cos(\beta l)}{[1-\cos(\beta l)]\sin\theta} \qquad (7-1-18)$$

由于对称振子的振子轴沿 z 轴放置，辐射场的分布与 z 轴呈轴对称关系，与 φ 角无关，故对称振子子午面方向性函数与对称振子方向性函数相同。

而对称振子在子午面内的方向性函数受 θ 角和 βl 影响，因此，暂列出半波对称振子和全波对称振子子午面归一化方向性函数随 θ 角变化的函数值，如表 7-1-1 所示。

表 7-1-1　半波对称振子和全波对称振子子午面归一化方向性函数值表

$\theta/(°)$	0/180	15/165	30/150	45/135	51/129	60/120	66.1/113.9	75/105	90
$F(\theta)_半$	0	0.207	0.418	0.628	0.707	0.817	0.880	0.952	1
$F(\theta)_全$	0	0.011	0.087	0.279	0.389	0.577	0.707	0.873	1

根据表 7-1-1，可绘制半波对称振子和全波对称振子子午面的方向性图，分别如图 7-1-4（a）中实线 2 和虚线 3 所示。图中明显可看出，虚线 3（全波对称振子）的方向性图要比实线 2（半波对称振子）的方向性图窄。从表 7-1-1 中也可以得到相应的结论，从表中可得到半波对称振子的主瓣宽度为 $2\theta_{0.5} = 129° - 51° = 78°$，而全波对称振子的主瓣宽度为 $2\theta_{0.5} = 113.9° - 66.1° = 47.8°$，显然全波对称振子的方向性比半波对称振子的方向性要强。

如果继续增大对称振子的电长度，对称振子在子午面内的方向性会怎样变化？表 7-1-2 给出了电长度为 $l/\lambda = 0.625$ 的对称振子子午面归一化方向性函数值。

表 7-1-2　电长度 $l/\lambda = 0.625$ 的对称振子子午面归一化方向性函数值表

$\theta/(°)$	0/180	15/165	31.1/148.9	45/135	53.13/126.87	60/120	73.7/106.3	90
$F(\theta)$	0	0.1992	0.3046	0.1881	0	0.2194	0.7071	1

根据上表中归一化方向性函数值可绘制电长度为 $l/\lambda = 0.625$ 的对称振子子午面方向性图，如图 7-1-4（a）中实线 4 所示。图中可以看出最大辐射方向仍为 $\theta = 90°$ 方向，但方向性图中出现了小波瓣，称为副瓣或旁瓣。而副瓣会将电磁波能量辐射到不需要的方向上，造成浪费或形成干扰回波，因此通常希望副瓣越小越好。

电长度 $l/\lambda < 0.7$ 的对称振子方向性图都有几个共同特点：一是方向性图都呈"8"字形；二是最大辐射方向都是 $\theta = 90°$ 方向；三是零辐射方向都是 $\theta = 0°$ 和 $\theta = 180°$ 方向。且电长度在 $l/\lambda < 0.7$ 范围内，随着电长度的增大，对称振子的方向性越强。但当电长度继续增大且 $l/\lambda > 0.7$ 时，原来 $\theta = 90°$ 方向上的主瓣减小变成副瓣，而原来的副瓣增大变成主瓣。

第二节 阵列天线

由于单个对称振子的辐射能力是有限的,而且仅通过改变对称振子的电长度不能够满足实际天线的方向性要求。为了加强天线的方向性,将若干辐射单元按某种方式排列组合所构成的系统称为阵列天线,也称为天线阵。构成天线阵的每一个辐射单元称为单元天线或阵元。天线阵的辐射场是各阵元所产生场的矢量叠加,只要各阵元上的电流振幅和相位分布满足适当的关系,就可以得到所需要的辐射特性。因此阵列天线的目的是提高天线的辐射能力,使天线辐射场实现某种方向性。本节只讨论由相似元组成的天线阵的方向性理论。所谓的相似元是指各阵元的形状与尺寸相同,且以相同姿态排列的阵元。下面从研究最简单的二元阵情况入手,介绍天线阵的基本规律,再介绍多元阵情况。

一、直线天线阵的方向性

天线阵根据其排列方式不同可分为直线阵、平面阵和立体阵,如图 7-2-1 所示。其中,各阵元的中心(馈电点)排列成一条直线的天线阵称为直线阵,各阵元馈电点的连线称为阵轴,根据阵轴与振子轴排列方式的不同,又可将直线阵分为共轴线排列和齐平排列两种。若阵轴与振子轴在一条直线上,称为共轴线排列,如图 7-2-1 (a) 所示。若各阵元的振子轴相互平行,且振子轴与阵轴垂直,称为齐平排列,如图 7-2-1 (b) 所示。若各阵元的中心在一个平面内,将称天线阵为平面阵,如图 7-2-1 (c) 所示。若天线阵的各阵元中心处于三维空间中,称为立体阵,如图 7-2-1 (d) 所示。

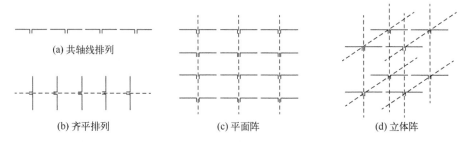

图 7-2-1 阵列天线不同排列方式

(一) 二元天线阵辐射场

为简化问题,先从最简单的二元直线阵入手。假设二元阵是由间距为 d 并沿 z 轴排列的两个相似元组成,电磁波到远处观察点 P 的射线与阵轴的夹

角为 θ，在远区 $\theta \approx \theta'$，若先不考虑阵元的排列方式，可将阵元抽象为一点，如图 7-2-2 所示。

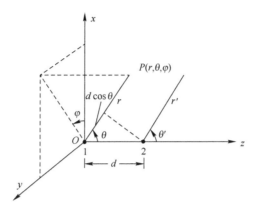

图 7-2-2 二元阵

其中，阵元 1 是由电流 I_1 所激励，阵元 2 是由 I_2 激励，两馈电电流的关系为

$$I_2 = kI_1 e^{j\alpha} \tag{7-2-1}$$

式中：k 表示 I_2 振幅是 I_1 振幅的 k 倍，阵元 2 的电流相位超前于阵元 1 的相角为 α。建立如图 7-2-2 所示坐标系，阵元 1 中心位于坐标原点处，其辐射场可表示为

$$E_1 = j\frac{60I_1}{r}f_1(\theta,\varphi)e^{-j\beta r} \tag{7-2-2}$$

$f_1(\theta,\varphi)$ 为阵元 1 的方向性函数，由于两个阵元为相似元，因此其方向性函数也相同，即 $f_2(\theta,\varphi) = f_1(\theta,\varphi)$，因此阵元 2 的辐射场可表示为

$$E_2 = j\frac{60I_2}{r'}f_1(\theta,\varphi)e^{-j\beta r'} \tag{7-2-3}$$

式中：r' 表示阵元 2 中心到观察点的距离，$r' = r - d\cos\theta$，将 $r' = r - d\cos\theta$ 和式（7-2-1）代入式（7-2-3）可得

$$E_2 = j\frac{60kI_1 e^{j\alpha}}{r}f_1(\theta,\varphi)e^{-j\beta(r-d\cos\theta)} \tag{7-2-4}$$

与对称振子类似，$r' = r - d\cos\theta$ 代入式（7-2-3）分母中时可近似认为 $r' = r$，但在指数中不可近似相等。可将式（7-2-4）进一步化简，即阵元 2 的辐射场表达式可改写为

$$E_2 = kj\frac{60I_1}{r}f_1(\theta,\varphi)e^{-j\beta r}e^{j\beta d\cos\theta}e^{j\alpha} = kE_1 e^{j(\beta d\cos\theta + \alpha)} \tag{7-2-5}$$

若令式（7-2-5）中指数项为 ψ，即

$$\psi = \beta d\cos\theta + \alpha = \frac{2\pi d}{\lambda}\cos\theta + \alpha \tag{7-2-6}$$

ψ 是一个重要参量，是两相邻阵元辐射场的相位差，式（7-2-6）表明，ψ 是由两个因素决定的：一是 $\beta d\cos\theta$，由相邻阵元辐射场到达同一观察点的波程差 $d\cos\theta$ 引起的相位差；二是 α，是相邻阵元的馈电电流相位差。此时，阵元 2 的辐射场可写为

$$E_2 = kE_1 e^{j\psi} \tag{7-2-7}$$

由于在远区，两阵元的辐射场平行，根据场强叠加原理可得二元阵总辐射场为

$$E = E_1 + E_2 = E_1(1 + ke^{j\psi}) \tag{7-2-8}$$

若将式（7-2-8）中 $1 + ke^{j\psi}$ 定义为 $f_a(\psi)$，即

$$f_a(\psi) = 1 + ke^{j\psi} \tag{7-2-9}$$

可见 $f_a(\psi)$ 中的 ψ 与阵元的形式无关，只与各阵元的馈电电流相位及阵元间距有关，且 ψ 是方向变量 θ 的函数，因此又称 $f_a(\psi)$ 为阵因子方向性函数。此时，二元阵总辐射场强度为

$$E = E_1 f_a(\psi) = j\frac{60I_1}{r} f_1(\theta,\varphi) f_a(\psi) e^{-j\beta r} = j\frac{60I_1}{r} f(\theta,\varphi) e^{-j\beta r} \tag{7-2-10}$$

再根据天线方向性函数的定义式（6-1-6）可得二元阵总方向性函数为

$$f(\theta,\varphi) = f_1(\theta,\varphi) f_a(\psi) \tag{7-2-11}$$

由此可得到二元阵总归一化方向性函数为

$$F(\theta,\varphi) = F_1(\theta,\varphi) F_a(\psi) \tag{7-2-12}$$

可见，天线阵总的归一化方向性函数等于阵元归一化方向性函数与归一化阵因子的乘积。而天线阵的方向性图就等于阵元方向性图与阵因子方向性图的乘积，这就是天线阵方向性图乘积定理。

（二）等幅同相二元阵阵因子及其方向性

若两阵元是等幅同相的，则馈电电流相位差为零，即 $\alpha = 0$；馈电电流等幅，即 $k = 1$。如此一来，等幅同相二元阵的阵因子为

$$f_a(\psi) = |1 + e^{j\psi}| = \left|e^{j\frac{\psi}{2}}(e^{-j\frac{\psi}{2}} + e^{j\frac{\psi}{2}})\right| = \left|2\cos\frac{\psi}{2}\right| \tag{7-2-13}$$

等幅同相二元阵辐射场的相位差为

$$\psi = \beta d\cos\theta + \alpha = \frac{2\pi d}{\lambda}\cos\theta \tag{7-2-14}$$

将式（7-2-14）代入式（7-2-13）中得

$$f_a(\theta)=f_a(\psi)=2\cos\frac{\psi}{2}=2\cos\left(\frac{\pi d}{\lambda}\cos\theta\right) \qquad (7\text{-}2\text{-}15)$$

再根据天线归一化方向性函数的定义,可得等幅同相二元阵归一化阵因子为

$$F_a(\theta)=\frac{f_a(\theta)}{f_{a\max}(\theta)}=\left|\cos\left(\frac{\pi d}{\lambda}\cos\theta\right)\right| \qquad (7\text{-}2\text{-}16)$$

式(7-2-16)中,归一化阵因子除了与 θ 角有关还与阵元间距 d 有关,根据归一化阵因子可画出阵因子的方向性图。若两阵元间距不同,则阵因子方向性图不同,如阵元间距分别选取 $d=0.5\lambda$ 和 $d=\lambda$,则可得到如图 7-2-3 所示的等幅同相二元阵阵因子方向性图。

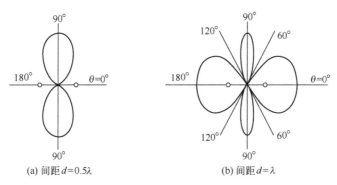

图 7-2-3 等幅同相二元阵阵因子方向性图

如图 7-2-3(a)所示,两阵元天线馈电电流等幅同相且阵元间距 $d=0.5\lambda$ 时,二元阵的最大辐射方向为 $\theta_M=90°$,且最大辐射方向在阵轴的两侧,将这样的天线阵称为侧射式天线阵或者边射式天线阵。如图 7-2-3(b)所示,当二元阵两阵元等幅同相馈电且阵元间距 $d=\lambda$ 时,除了 $\theta=90°$ 最大辐射方向外,在 $\theta=0°$ 和 $\theta=180°$ 两个方向也是最大辐射方向,它们所在的大波瓣称为栅瓣,栅瓣比一般的副瓣更浪费电磁能量,容易引起更大的干扰,所以天线设计中必须避免出现栅瓣。因此可通过改变阵元间距 d 来消除栅瓣。

(三)等幅反相二元阵阵因子及其方向性

若两阵元是等幅反相的,则馈电电流相位差 $\alpha=\pm\pi$;馈电电流等幅,即 $k=1$。此时,等幅反相二元阵的阵因子为

$$f_a(\psi)=|1+e^{j\psi}|=|e^{j\frac{\psi}{2}}(e^{-j\frac{\psi}{2}}+e^{j\frac{\psi}{2}})|=\left|2\cos\frac{\psi}{2}\right| \qquad (7\text{-}2\text{-}17)$$

等幅反相二元阵辐射场的相位差为

$$\psi=\beta d\cos\theta+\alpha=\frac{2\pi d}{\lambda}\cos\theta\pm\pi \qquad (7\text{-}2\text{-}18)$$

将式（7-2-18）代入式（7-2-17）中得

$$f_a(\theta) = f_a(\psi) = 2\cos\frac{\psi}{2} = 2\cos\left(\frac{\pi d}{\lambda}\cos\theta \pm \frac{\pi}{2}\right) = 2\sin\left(\frac{\pi d}{\lambda}\cos\theta\right) \quad (7\text{-}2\text{-}19)$$

进而可得等幅反相二元阵归一化阵因子为

$$F_a(\theta) = \frac{f_a(\theta)}{f_{a\max}(\theta)} = \left|\sin\left(\frac{\pi d}{\lambda}\cos\theta\right)\right| \quad (7\text{-}2\text{-}20)$$

与等幅同相二元阵类似，根据等幅反相二元阵归一化阵因子可画出等幅反相二元阵阵因子方向性图，如图7-2-4所示。

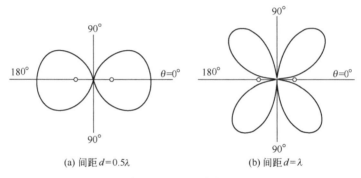

(a) 间距 $d=0.5\lambda$ (b) 间距 $d=\lambda$

图7-2-4 等幅反相二元阵阵因子方向性图

将图7-2-3与图7-2-4相对比可发现，阵元间距相同的同相二元阵及反相二元阵的最大辐射方向和零辐射方向恰好相反，导致上述现象的根本原因在于两阵元馈电电流相位差α不同。由此可见，改变阵元馈电电流相位差α，就可以改变阵因子最大辐射方向，根据方向性图乘积定理，天线阵的方向性图等于阵元方向性图与阵因子方向性图的乘积，那么改变α就可以改变天线阵最大辐射方向。如果馈电电流相位差α随时间按一定规律重复变化，阵因子最大辐射方向连同整个天线阵的方向性图都会在一定空域内往复变化，从而实现方向扫描。这也是相控阵天线的基本工作原理。

二、方向性图乘积定理应用

由方向性图乘积定理可知，如想得到天线阵的方向性图，必须先知道阵元天线的方向性图和阵因子的方向性图。需要注意的是，阵元与阵因子的方向性无关。下面通过几个例子来理解方向性图乘积定理的应用。

（一）共轴线排列

例：已知共轴线排列的两个半波对称振子构成等幅、同相二元阵，阵元间距 $d=0.5\lambda$。在子午面内，分别画出阵元天线、阵因子和天线阵总的方向性图。

要得到方向性图就需要知道归一化方向性函数,再根据方向性图乘积定理,需要分别知道阵元和阵因子的归一化方向性函数。根据题意,首先可以得到等幅同相二元阵阵因子的方向性函数为式(7-2-16),阵元为半波对称振子,而半波对称振子的归一化方向性函数为式(7-1-15)。此时,根据方向性图乘积定理可以得到天线阵总的归一化方向性函数为

$$F(\theta,\varphi)=F(\theta,\varphi)F_a(\theta)$$

$$=\frac{\cos\left(\frac{\pi}{2}\cos\theta\right)}{\sin\theta}\cos\left(\frac{\pi}{2}\cos\theta\right)=\frac{\cos^2\left(\frac{\pi}{2}\cos\theta\right)}{\sin\theta} \quad (7\text{-}2\text{-}21)$$

如此一来,半波对称振子、阵因子以及天线阵归一化方向性函数都仅是 θ 的函数,其在子午面(φ=常数)的方向性图也仅与 θ 有关。根据 θ 取值不同,可得到子午面方向性函数值如表 7-2-1 所列。

表 7-2-1 共轴线排列等幅同相二元阵子午面归一化方向性函数值表

$\theta/(°)$	0/180	15/165	30/150	45/135	60/120	66.1/113.9	75/105	90
$F(\theta)_{半}$	0	0.207	0.418	0.628	0.817	0.880	0.952	1
$F_a(\theta)$	0	0.0535	0.209	0.444	0.707	0.804	0.919	1
$F(\theta)$	0	0.0111	0.0873	0.279	0.577	0.707	0.874	1

根据上表求得的半波对称振子、阵因子和天线阵在子午面的归一化方向性函数值,可采用描点法绘制阵元、阵因子和二元天线阵在子午面的方向性图,如图 7-2-5 所示。

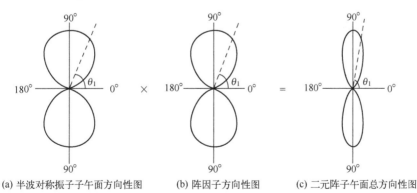

(a) 半波对称振子子午面方向性图　　(b) 阵因子方向性图　　(c) 二元阵子午面总方向性图

图 7-2-5 共轴线排列等幅同相二元阵子午面方向性图

（二）齐平排列

对于齐平排列的二元阵，由于振子轴与阵轴垂直，阵元方向性函数中的 θ（振子臂与观察点的夹角）与阵因子中的 θ（天线阵阵轴与观察点的夹角）含义不同，因此需要进行统一。假设齐平排列天线阵阵元的振子臂沿 x 轴放置，那么天线阵阵轴则是沿 z 方向的，如图 7-2-6 所示，各距离及角度关系已在图中标明。

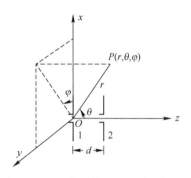

图 7-2-6　齐平排列二元阵坐标系

此时，天线阵在观察点 P 处的电磁波射线与振子轴（x 轴）夹角 α_x 的方向余弦值为

$$\cos\alpha_x = \frac{x}{r} = \sin\theta\cos\varphi \tag{7-2-22}$$

因此，对于齐平排列的天线阵，若以对称振子为阵元，则原来对称振子方向性函数中的 $\cos\theta$ 应该用 $\cos\alpha_x$ 替代，从而可表示为

$$f_x(\theta,\varphi) = \frac{\cos(\beta l\sin\theta\cos\varphi) - \cos(\beta l)}{\sqrt{1-\sin^2\theta\cos^2\varphi}} \tag{7-2-23}$$

其归一化方向性函数表示为

$$F_x(\theta,\varphi) = \frac{\cos(\beta l\sin\theta\cos\varphi) - \cos(\beta l)}{[1-\cos(\beta l)]\sqrt{1-\sin^2\theta\cos^2\varphi}} \tag{7-2-24}$$

例：已知齐平排列的半波对称振子构成等幅二元天线阵，如图 7-2-6 所示，阵元间距 $d=0.25\lambda$，阵元 2 馈电电流超前于阵元 1 的电流相角为 $\alpha=-90°$（即阵元 2 落后与阵元 1 相角 90°），试画出子午面和赤道面的方向性图。

根据题意可知，天线阵辐射场相位差函数为

$$\psi = \beta d\cos\theta + \alpha = \frac{360°\times 0.25\lambda}{\lambda}\cos\theta + (-90°) = 90°(\cos\theta - 1) \tag{7-2-25}$$

此时归一化阵因子为

$$F_a(\theta) = F_a(\psi) = \cos\frac{\psi}{2} = \cos[45°(\cos\theta-1)] = \cos[45°(1-\cos\theta)]$$

(7-2-26)

阵元为齐平排列的半波对称振子，其归一化方向性函数为

$$F_1(\theta,\varphi) = \frac{\cos(90°\sin\theta\cos\varphi)}{\sqrt{1-\sin^2\theta\cos^2\varphi}}$$

(7-2-27)

由方向性图乘积定理可得天线阵归一化方向性函数为

$$F(\theta,\varphi) = F_1(\theta,\varphi)F_a(\theta) = \frac{\cos(90°\sin\theta\cos\varphi)}{\sqrt{1-\sin^2\theta\cos^2\varphi}}\cos[45°(1-\cos\theta)]$$

(7-2-28)

对于齐平排列的对称振子所组成的天线阵来说，其子午面为两个振子共同的子午面，即振子轴与阵轴构成的面，如图 7-2-6 中 xOz 平面（$\varphi=0°$）。

在子午面内，阵元天线归一化方向性函数为

$$F_1(\theta,\varphi)|_{\varphi=0°} = F_1(\theta) = \frac{\cos(90°\sin\theta)}{\cos\theta}$$

(7-2-29)

天线阵的归一化方向性函数为

$$F(\theta,\varphi)|_{\varphi=0°} = \frac{\cos(90°\sin\theta)}{\cos\theta}\cos[45°(1-\cos\theta)]$$

(7-2-30)

根据子午面天线阵的归一化方向性函数可分别求出阵元、阵因子和天线阵在子午面的方向性函数值，如表 7-2-2 所示。

表 7-2-2 齐平排列等幅二元阵子午面归一化方向性函数值表

$\theta(°)$	0	20	38.25	60	90	120	150	165	180
$F_1(\theta)$	1	0.9134	0.7072	0.418	0	0.418	0.817	0.952	1
$F_a(\theta)$	1	0.9989	0.9859	0.929	0.7071	0.387	0.105	0.0268	0
$F(\theta)$	1	0.9132	0.7071	0.386	0	0.160	0.0858	0.0255	0

由上表中数据可画出子午面方向性图，如图 7-2-7 所示。

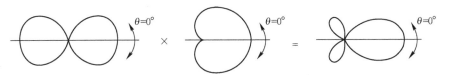

(a) 半波对称振子子午面方向性图　　(b) 阵因子方向性图　　(c) 二元阵子午面总方向性图

图 7-2-7 齐平排列等幅二元阵子午面方向性图

同样，对于齐平排列的对称振子所组成的天线阵，其赤道面为两个振子共同的赤道面，即与振子轴垂直的面，如图 7-2-6 中 yOz 平面（$\varphi = 90°$）。

在赤道面内，阵元天线归一化方向性函数为

$$F_1(\theta,\varphi)\big|_{\varphi=90°} = F_1(\theta) = 1 \qquad (7-2-31)$$

天线阵的归一化方向性函数为

$$F(\theta,\varphi)\big|_{\varphi=0°} = F_a(\theta) = \cos[45°(1-\cos\theta)] \qquad (7-2-32)$$

由此可得到结论：齐平排列等幅半波对称振子构成的二元阵在赤道面内的方向性图与阵因子方向性图一样，如图 7-2-8 所示。

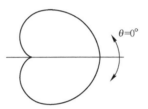

图 7-2-8 齐平排列等幅二元阵赤道面方向性图

该二元天线阵最大辐射方向沿着阵轴一端方向，且由电流相位超前的阵元天线 1 指向电流相位滞后的阵元天线 2，这种天线阵称为端射式二元阵。需要注意的是，只有单元天线与阵因子的最大辐射方向均指向阵轴才能形成端射阵，共轴线排列不能形成端射阵。

根据二元阵的辐射场及方向性，可以进行拓展到多元阵，如由半波对称振子组成的四元侧射式均匀直线天线阵，阵元间距为 $d = 0.5\lambda$，如图 7-2-9 所示。

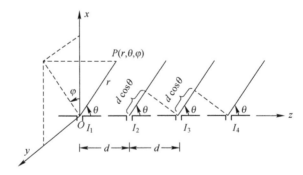

图 7-2-9 共轴线排列四元侧射式均匀直线天线阵

其阵元归一化方向性函数和归一化阵因子表达式分别为

$$F_1(\theta,\varphi) = \frac{\cos(90°\cos\theta)}{\sin\theta} \quad (7\text{-}2\text{-}33)$$

$$F_a(\theta) = \frac{\sin(360°\cos\theta)}{4\sin(90°\cos\theta)} \quad (7\text{-}2\text{-}34)$$

进而可得到四元半波对称振子侧射式天线阵子午面方向性函数值如表 7-2-3 所示。

表 7-2-3　四元半波对称振子侧射式天线阵子午面方向性函数值表

$\theta/(°)$	0/180	30/150	41.41/138.59	46.35/133.65	50/130	60/120	77.48/102.52	90
$F_1(\theta)$	0	0.4178	0.5786	0.6462	0.6946	0.8165	0.9656	1
$F_a(\theta)$	0	0.1907	0.2706	0.2631	0.2308	0	0.7323	1
$F(\theta)$	0	0.0798	0.1566	0.1700	0.1603	0	0.7071	1

根据上表中方向性函数值采用描点法画出天线阵子午面方向性图，如图 7-2-10 所示。

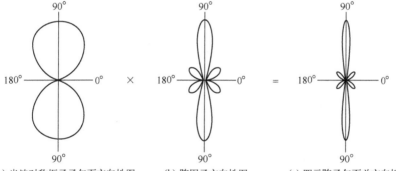

(a) 半波对称振子子午面方向性图　　(b) 阵因子方向性图　　(c) 四元阵子午面总方向性图

图 7-2-10　四元半波对称振子侧射式天线阵子午面方向性图

与二元侧射阵相比，当共轴线排列的阵元数目越多，天线阵的方向性越强，且出现副瓣或旁瓣。

同样，对齐平排列二元阵进行扩展，图 7-2-11 给出了半波对称振子构成的齐平排列八元端射式均匀天线阵，阵元间距 $d=0.25\lambda$。

其在赤道面的阵元归一化方向性函数和归一化阵因子表达式分别为

$$F_1(\theta,\varphi)|_{\varphi=90°} = F_1(\theta) = 1 \quad (7\text{-}2\text{-}35)$$

$$F_a(\theta) = \frac{\sin(4\psi)}{8\sin\dfrac{\psi}{2}} = \frac{\sin[360°(1-\cos\theta)]}{8\sin[45°(1-\cos\theta)]} \qquad (7\text{-}2\text{-}36)$$

由此可得到八元半波对称振子端射式天线阵赤道面方向性函数值如表 7-2-4 所示。

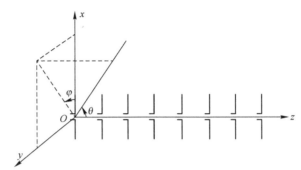

图 7-2-11 齐平排列八元端射式均匀直线天线阵

表 7-2-4 八元半波对称振子端射式天线阵赤道面方向性函数值表

$\theta/(°)$	0	39.01	60	75.52	90	104.48	120	138.59	180
$F_1(\theta)$	1	1	1	1	1	1	1	1	1
$F_a(\theta)$	1	0.7071	0	0.2250	0	0.1503	0	0.1274	0
$F(\theta)$	1	0.7071	0	0.2250	0	0.1503	0	0.1274	0

根据上表中方向性函数值采用描点法可画出天线阵赤道面方向性图，如图 7-2-12 所示。

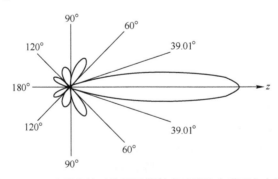

图 7-2-12 八元半波对称振子端射式天线阵赤道面方向性图

同样与二元端射阵相比，当齐平排列的阵元数目越多，天线阵的方向性越强，且出现副瓣、旁瓣和尾瓣。

第三节 引向天线

引向天线又称为八木天线或波渠天线,它已广泛应用于米波与分米波的雷达、电视、通信及其他无线电技术设备中。下面详细介绍引向天线的结构组成和基本工作原理。

一、引向天线结构组成

引向天线(八木天线)的结构如图 7-3-1 所示。它是由一个有源振子和若干个无源振子构成的端射阵。

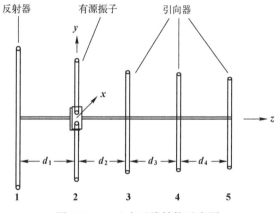

图 7-3-1 八木天线结构示意图

其中,有源振子为接有电源的半波对称振子或半波折合振子,有源振子的主要作用是提供辐射能量;无源振子为没有接电源的短路振子,无源振子的作用是使辐射能量集中到天线的一端。而无源振子又可分为反射器和引向器两种,比有源振子长的无源振子称为反射器,其作用是把有源振子辐射的电磁波反射到较短的无源振子方向,引向天线中只有一个反射器;比有源振子短的无源振子称为引向器,作用是吸引有源振子辐射的电磁波,使引向天线的方向性更强,引向天线中有多个引向器。

需要说明的是,引向天线中无源振子受有源振子电磁场的作用,产生感应电流,无源振子的感应电流同样辐射电磁场;接收点处的场强是有源振子辐射场与无源振子辐射场的矢量和;适当调整无源振子的长度和间距可使引向天线的辐射场指向阵轴一端,形成端射。

引向天线具有结构简单、馈电容易、维修方便、增益较高、方向性较强、体积适中等优点。其缺点是工作频带较窄，调整和匹配较困难。为克服其工作频带较窄的缺点，引向天线有源振子常采用半波折合振子，半波折合振子的输入阻抗为300Ω左右，是半波对称振子的四倍，而同轴线阻抗多为200~300Ω，半波折合振子更容易与馈线匹配。另外，半波折合振子相当于加粗的振子，所以其工作带宽也比半波对称振子要宽。

二、引向天线的工作原理

根据引向天线的定义，我们知道引向天线实际上就是一个端射式天线阵，并且在齐平排列的二元阵端射式天线阵中，最大辐射方向是由电流相位超前的振子指向电流相位滞后的振子。因此，在确定无源振子到底是起引向器作用还是起反射器作用之前，必须先知道无源振子上的感应电流与有源振子上馈电电流的相位关系。

如图7-3-2所示，仅以二元引向天线为例来说明引向天线的工作原理。

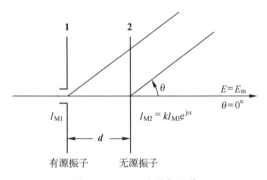

图 7-3-2　二元引向天线

图中"1"为有源振子，"2"为无源振子，有源振子馈电电流与无源振子感应电流之间的关系为

$$I_{M2} = kI_{M1}e^{j\alpha} \quad (7-3-1)$$

式中：I_{M1} 为有源振子馈电电流的波腹电流振幅值；I_{M2} 为无源振子感应电流的波腹电流振幅值；k 为电流振幅值倍数；α 为无源阵子电流 I_{M2} 超前于有源振子电流 I_{M1} 的相位差。导致相位差 α 变化的主要原因是无源振子自阻抗所引起的电流相位差 α_{22}，而无源振子自阻抗引起的电流相位差与它的长度 $2l_2$ 有关，其关系为

$$\begin{cases} \alpha_{22} < 0 & (2l_2 < 0.5\lambda) \\ \alpha_{22} = 0 & (2l_2 = 0.5\lambda) \\ \alpha_{22} > 0 & (2l_2 > 0.5\lambda) \end{cases} \quad (7-3-2)$$

即只要改变无源振子的电长度,就能调整无源振子与有源振子电流之间的相位关系。若无源振子的长度比有源振子长（无源振子电长度比有源振子电长度长），则 $\alpha_{22}>0$,无源振子感应电流 I_{M2} 的相位超前于有源振子馈电电流 I_{M1} 的相位,此时无源振子是反射器；当无源振子的长度比有源振子短（无源振子电长度比有源振子电长度短）,则 $\alpha_{22}<0$,无源振子感应电流 I_{M2} 的相位滞后于有源振子馈电电流 I_{M1} 的相位,此时无源振子是引向器。由此可知,无源振子是反射器还是引向器与电流振幅倍数 k 无关,仅与相位差 α 有关,且最大辐射方向是由电长度较长的反射器端指向电长度较短的引向器端,形成端射阵。引向天线的单向强方向性辐射特性正是利用上述原理,即在不需要辐射的方向上加反射器,在需要加强辐射的方向上加引向器,并且可增加引向器的数目以加强引向作用,从而获得更强的方向性。

另外,适当调节振子间的间距（实际应用中,两振子的间距一般为 0.25λ 左右,即在 $0.1\sim0.4\lambda$ 范围内）,使由反射器、有源振子和若干引向器组成的多元引向天线获得较强的辐射。由于有了一个反射器,再加上若干个引向器对电磁波的前向引导作用,沿反射器所在一侧方向上辐射已经相当微弱,所以只需采用一个反射器。一般来说,引向器数目越多,引向天线前向辐射能力越强,但随着引向器的增多,离有源振子越远的引向器作用越小,所以引向器的数目一般为 $10\sim12$。图 7-3-3 为某型雷达八木阵列天线图。

图 7-3-3 某型雷达八木阵列天线图

111

第四节　裂缝波导天线

如果在同轴线、波导管或空腔谐振器的导体壁上开一条或数条窄缝,可使电磁波通过缝隙向外空间辐射而形成一种天线,这种天线称为缝隙天线。缝隙的尺寸往往小于其传输波的波长,且辐射场会受到缝隙所在的金属外表面传导电流影响。

一、波导缝隙天线及其开缝原则

在实际应用中,比较常用的是波导缝隙天线,又称波导裂缝天线或裂缝波导天线。它是开在矩形波导壁上的半波谐振缝隙。矩形波导内部传输的主模为 TE_{10} 模,波导壁上有横向或纵向的电流分布,如图 7-4-1 所示。如果所开缝隙切断波导内壁表面传导电流,则表面电流的一部分将绕过缝隙,另一部分则以位移电流的形式沿原来方向流过缝隙,因而缝隙被激励,向外空间辐射电磁波。图 7-4-1 中,缝隙 1、2、3、4、5 均切断波导内壁传导电流,将产生辐射,而缝隙 6、7 所切断的电流线很少,因而不会产生有效辐射。所开缝隙与波导轴线平行时称为纵缝,与轴线垂直时称为横缝。波导缝隙产生的辐射场强弱取决于缝隙在波导壁上的位置和取向。

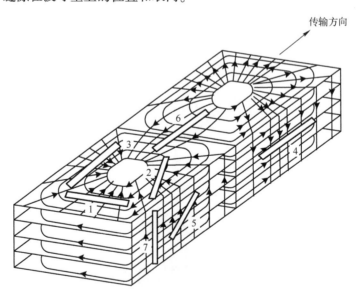

图 7-4-1　波导缝隙天线及其波导缝隙

二、波导缝隙天线阵及其工作原理

单个缝隙天线的方向性比较弱,为了提高天线的方向性,可在波导的一个壁上开多个缝隙组成天线阵。这种天线阵的馈电比较方便,天线和馈线一体,适当改变缝隙的位置和取向就可以改变缝隙的激励强度,以获得所需要的方向性。

波导缝隙天线阵是由开在波导上按一定规律排列、尺寸相同的缝隙构成。可分为谐振式缝隙天线阵和非谐振式缝隙天线阵。

(一) 谐振式缝隙天线阵

谐振式缝隙天线阵在波导末端接短路活塞,形成全反射,也称驻波缝隙天线阵。各缝隙处于同相激励状态。

1. 宽壁纵缝谐振式天线阵

缝隙交错地分布于宽边中心线的两侧,缝隙长度约为 $\lambda/2$,相邻两缝隙间间距为 $\lambda_g/2$,波导末端短路,如图 7-4-2 所示。

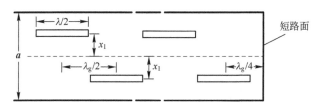

图 7-4-2 宽壁纵缝谐振式天线阵

由于波导末端接短路活塞或短路面,因此波导内为驻波,间隔距离为 $\lambda_g/2$ 的两缝隙处会获得等幅同相激励。

2. 宽壁横缝谐振式天线阵

图 7-4-3 为开在宽壁上的横向缝隙阵,为确保同相激励,缝隙间距为 λ_g。对于同样数目的缝隙阵列,这种缝隙所需波导的长度较长,且容易出现栅瓣,增益低,因此实际应用中很少采用。

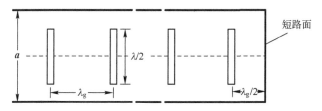

图 7-4-3 宽壁横缝谐振式天线阵

3. 窄壁斜缝谐振式天线阵

图 7-4-4 为开在窄壁上的斜缝缝隙阵，原本相邻间距为 $\lambda_g/2$ 的窄壁横缝处是反相激励，因此在窄壁上开斜缝，并且交替地换向倾斜，以获得附加的 180° 相位差，变为同相激励。由于窄壁较窄，通常通过切入宽壁的深度来增加缝隙的总长度从而满足辐射需要。

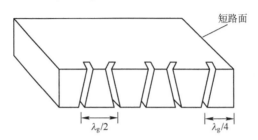

图 7-4-4 窄壁斜缝谐振式天线阵

以上三种谐振式缝隙天线阵均为同相侧射天线阵，最大辐射方向指向阵面的法线方向。当其工作频率变化时，波导波长产生变化，其间距就不再等于原来的 $\lambda_g/2$，因此不能保证各缝隙同相激励，从而导致天线匹配状态迅速恶化。

(二) 非谐振式缝隙天线阵

非谐振式缝隙天线阵可以弥补谐振式缝隙天线阵频带较窄的缺点。它是由波导中的行波所激励的缝隙阵，激励波导终端接匹配负载，形成行波。缝隙之间的距离可以不等于 $\lambda_g/2$，各缝隙非同相激励。

典型的非谐振式缝隙天线阵即导航雷达所用天线，又称为喇叭-波导缝隙天线阵，如图 7-4-5 所示。

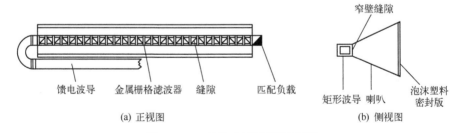

图 7-4-5 喇叭-波导缝隙天线阵

天线阵由窄壁上开的多个方向相反的斜缝构成，相邻两倾斜缝隙之间的距离为 $d \approx \lambda_g/2$。缝隙处电场方向需要满足边界条件，波导内壁表面传导电流被切断，会在边界处形成切向电场，如图 7-4-6 所示。

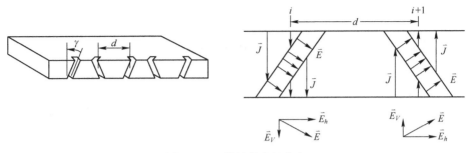

图 7-4-6 缝隙处电场分布

显然，两缝隙口处电场的水平极化分量同相，可相互叠加；而垂直极化分量反相，相互抵消，但由于两缝隙间距恰好不等于 $\lambda_g/2$，垂直极化分量不能完全抵消。因此，为限制垂直极化波分量，用金属栅格作为滤波器，将垂直极化波完全消除，仅剩下水平极化分量。所以喇叭-波导缝隙天线阵所辐射的波为水平极化波。对于斜缝的倾斜角 γ，倾斜角越大，天线阵的辐射越强，但同时垂直极化波的辐射功率也越大，因此，并不是 γ 角越大越好，为控制垂直极化波辐射功率，γ 角一般在 15° 以内。由于波导缝隙天线阵中相邻两缝隙之间的间距约为 $\lambda_g/2$，因此可表示为

$$d=\frac{\lambda_g}{2}+\delta \tag{7-4-1}$$

δ 的变化会引起辐射场最大辐射方向的变化，当 $\delta=0$ 时，$d=\lambda_g/2$，则 $\theta_M=90°$，即最大辐射方向与矩形波导窄壁垂直；当 $\delta>0$ 时，$d>\lambda_g/2$，则 $\theta_M<90°$，即最大辐射方向偏向阵轴正方向（传输方向）；当 $\delta<0$ 时，$d<\lambda_g/2$，则 $\theta_M>90°$，即最大辐射方向偏向阵轴负方向（传输反方向）。对于非谐振式缝隙天线阵，当工作频率发生变化时，相邻缝隙的间距大小不会影响天线匹配状态，而只是改变辐射场最大辐射方向与阵轴的夹角，这样工作频率在中心频率一定范围内均可工作，还可实现频率扫描。

根据阵列天线各阵元排列形式的特点（阵元在哪个方向上排列数目越多，则阵列天线辐射场在该方向上的方向性越强），可知喇叭-缝隙天线阵在水平面的方向性较强，其主瓣宽度很窄，约为 1°，甚至更窄；而垂直面的波束宽度主要由喇叭的高度决定，其方向性较水平方向弱，其主瓣宽度稍宽，在舰船横摇或纵摇时不至于丢失目标。因此，非谐振式喇叭-波导缝隙天线阵适用于船舶导航雷达天线，且具有一定频带宽度，但最大辐射方向不一定与波导垂直。

图 7-4-7 和图 7-4-8 分别为某型雷达单根缝隙波导天线阵和某型雷达缝

隙波导天线阵面实装图。

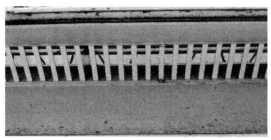

图 7-4-7　某型雷达单根缝隙波导天线阵

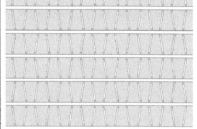

图 7-4-8　某型雷达缝隙波导天线阵面

小　　结

本章从等效传输线理论出发，分析了对称振子天线的电流分布、辐射场及方向特性；接着介绍了天线阵的方向性理论，讨论了天线阵的方向性图乘积定理；而后对工程上常用的两种线天线引向天线和裂缝波导天线进行一一分析，讨论了各自的组成结构、工作原理以及基本特性。

复习思考题

1. 总结对称振子、半波对称振子、全波对称振子的方向性函数和归一化方向性函数。

2. 简述天线方向性图乘积定理。

3. 总结等幅同相二元阵及等幅反相二元阵的阵因子方向性函数和归一化阵因子方向性函数。

4. 某对称振子长度 $2l=0.75\lambda$，以该对称振子为阵元组成二元天线阵，两阵元馈电电流等幅，相位差 $\alpha=90°$，设两阵元间距为 $d=0.25\lambda$，试求对称振子归一化方向性函数、归一化阵因子方向性函数及天线阵归一化方向性函数。

5. 简述引向天线的结构组成及工作原理。

6. 简述波导缝隙天线的开缝原则。

第八章 面 天 线

与前述线天线不同的另一类天线是面天线,又称为口径天线。它所载的电流是沿天线体的金属表面分布,且面天线的口径尺寸远大于工作波长。面天线常用在无线电频谱的高频端,特别是微波波段,主要包括喇叭天线、抛物面天线、卡塞格伦天线和相控阵天线阵等,是一种高增益天线。

第一节 喇 叭 天 线

喇叭天线是使用最广泛的微波天线之一,它的出现与早期应用可追溯到 19 世纪后期。喇叭天线是由逐渐张开的波导所构成,是一种最为简单的口径面天线。它可以作为单独的天线使用,也可以作为反射面天线的馈源、阵列天线的阵元,还可以用作对其他高增益天线进行校准和增益测试的通用标准。

一、喇叭天线的分类

喇叭天线是由波导管的截面均匀地逐渐扩展而形成的,因外形像喇叭而得名。喇叭天线根据口径的形状可分为矩形喇叭天线和圆形喇叭天线,下面介绍几种常见的喇叭天线,如图 8-1-1 所示,为 E 面扇形喇叭天线,喇叭口的宽边 a 保持与矩形波导宽边 a 不变,电场所在平面 E 面扩张,即保持矩形波导宽边尺寸不变,逐渐展开窄边所形成。

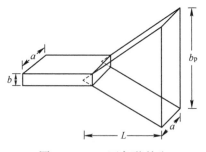

图 8-1-1 E 面扇形喇叭

如图 8-1-2 所示，为 H 面扇形喇叭天线，喇叭口的窄边 b 保持与矩形波导窄边 b 不变，磁场所在平面 H 面扩张，即保持矩形波导宽边尺寸不变，逐渐展开窄边所形成。

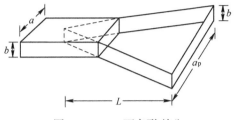

图 8-1-2　H 面扇形喇叭

如图 8-1-3 所示，E 面和 H 面同时扩张的喇叭天线，称为角锥天线，即矩形波导的宽边和窄边同时展开所形成。当 $a_p = a$ 时，角锥喇叭为 E 面扇形喇叭；当 $b_p = b$ 时，角锥喇叭为 H 面扇形喇叭。

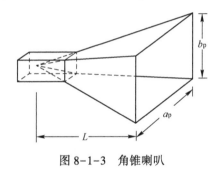

图 8-1-3　角锥喇叭

如图 8-1-4 所示，由圆波导逐渐展开所形成的天线称为圆锥喇叭。

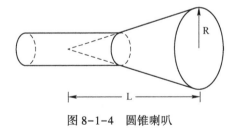

图 8-1-4　圆锥喇叭

喇叭天线向空间辐射的能量来自与喇叭相连接的波导，喇叭口面上的初始场取决于波导中所传输的电磁波传输模式，一般情况下用主模，即矩形波导中的 TE_{10} 模和圆波导中的 TE_{11} 模。

喇叭天线具有结构简单、馈电简便、频带较宽、功率容量大和高增益的整体性能。

二、喇叭天线的辐射特性

现以角锥喇叭天线为例来分析喇叭天线的辐射特性,角锥天线示意图如图 8-1-3 所示,其 E 面和 H 面主瓣宽度分别为

$$2\theta_{E0.5} = k_1 \frac{\lambda}{b_p}$$
$$2\theta_{H0.5} = k_2 \frac{\lambda}{a_p} \qquad (8-1-1)$$

其中,k_1 和 k_2 是由口径面场分布所确定的系数。由式(8-1-1)可知,当天线工作频率一定时,其工作波长一定,若口径面尺寸越大,其主瓣宽度越窄,天线方向性就越强。并且哪个方向的口面尺寸大,则哪个方向的方向性就越好。角锥喇叭天线的方向性系数表示为

$$D = \nu \frac{4\pi}{\lambda^2} S \qquad (8-1-2)$$

式中:ν 是口径面利用系数,它是由口径面内场的振幅分布决定的。口径面尺寸越大,口径面场的振幅分布越均匀,则口径面利用系数越接近于 1,否则 $\nu<1$。因此,口径面尺寸大小会影响角锥喇叭天线的方向性,口径面尺寸越大,天线的方向性越强。如果无限增大口径面的尺寸,就能够得到无限大的喇叭天线方向性系数吗?不是的,当口径尺寸增大到超过某定值后,再继续增大口径的尺寸时,口径上的相位差过大又会导致方向性系数的减小。因此引出最佳喇叭天线。

(一) E 面最佳扇形喇叭天线

E 面最佳扇形喇叭天线:方向性系数最大的 E 面扇形喇叭天线。其设计公式为

$$b_p = \sqrt{2\lambda L} \qquad (8-1-3)$$

E 面主瓣宽度为

$$2\theta_{E0.5} = 54 \frac{\lambda}{b_p} \qquad (8-1-4)$$

其口径面利用系数 $\nu = 0.64$,E 面方向性系数为

$$D_{E面} = 0.64 \frac{4\pi}{\lambda^2} a b_p \qquad (8-1-5)$$

(二) H 面最佳扇形喇叭天线

H 面最佳扇形喇叭天线:方向性系数最大的 H 面扇形喇叭天线。其设计

公式为

$$a_p = \sqrt{3\lambda L} \qquad (8-1-6)$$

H 面主瓣宽度为

$$2\theta_{H0.5} = 78 \frac{\lambda}{a_p} \qquad (8-1-7)$$

其口径面利用系数 $\nu=0.64$，H 面方向性系数为

$$D_{H面} = 0.64 \frac{4\pi}{\lambda^2} a_p b \qquad (8-1-8)$$

（三）最佳角锥喇叭天线

最佳角锥喇叭天线：口径面两个方向的尺寸均按最佳尺寸设计的角锥天线。其设计公式为

$$\begin{aligned} a_p &= \sqrt{3\lambda L} \\ b_p &= \sqrt{2\lambda L} \end{aligned} \qquad (8-1-9)$$

则两主平面的方向性图主瓣宽度分别为

$$\begin{aligned} 2\theta_{E0.5} &= 51 \frac{\lambda}{b_p} \\ 2\theta_{H0.5} &= 68 \frac{\lambda}{a_p} \end{aligned} \qquad (8-1-10)$$

角锥形喇叭天线口径面利用系数 $\nu=0.51$，方向性系数为

$$D_{角锥} = 0.51 \frac{4\pi}{\lambda^2} a_p b_p \qquad (8-1-11)$$

（四）最佳圆锥喇叭天线

最佳圆锥喇叭天线：方向性系数最大的圆锥天线。其设计公式为

$$L = \frac{d^2}{2.4\lambda} - 0.15\lambda \qquad (8-1-12)$$

其中，$d=2R$，两主平面的方向性图主瓣宽度分别为

$$\begin{aligned} 2\theta_{E0.5} &= 60 \frac{\lambda}{d} \\ 2\theta_{H0.5} &= 70 \frac{\lambda}{d} \end{aligned} \qquad (8-1-13)$$

最佳圆锥形喇叭天线的口径面利用系数 $\nu=0.51$，方向性系数为

$$D_{圆锥} = 0.51 \left(\frac{\pi d}{\lambda}\right)^2 \qquad (8-1-14)$$

第二节 旋转抛物面天线

上一节介绍的喇叭天线是最简单的面天线,但它有一个重大缺陷,就是其口面尺寸因口面场按平方律相位分布而不能太大,因而其方向性不可能太强,属于弱方向性天线。但在实际应用中(如雷达、卫星通信等)往往要求天线具有很强的方向性,因此由反射面天线(主要介绍旋转抛物面天线)来完成。

一、抛物面天线及其结构组成

旋转抛物面天线简称为抛物面天线,它是由一个馈源和一个反射面所组成的,又称为单反射面天线。反射面由形状为旋转抛物面的导体面或导线栅格网构成,又称为反射器。馈源是放置在抛物面焦点上的具有弱方向性的初级照射器,可以是单个阵子、单喇叭或多喇叭。利用抛物面的几何特性和光学特性,抛物面把方向性弱的初级辐射器的辐射反射为方向性较强的辐射。抛物面天线的基本结构组成如图 8-2-1 所示。

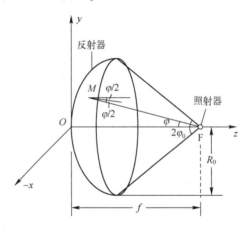

图 8-2-1 抛物面天线结构组成示意图

图中,馈源 F 位于抛物面的焦点处,所有从馈源 F 发出的射线经反射面反射后会平行于反射器轴线,并且所有从焦点 F 发出的射线经反射面反射后再到口径平面的路径长度都相等。馈源的相位中心处于焦点处,将在口径面上产生均匀的相位。

二、抛物面天线几何特性及辐射特性

为研究抛物面天线的几何特性及辐射特性,建立如图 8-2-2 所示的坐标

系，F 为抛物面的焦点，f 为抛物面顶点 O 距焦点 F 的距离。反射面的口径半径为 a，反射面口径直径 $D_0=2a$。

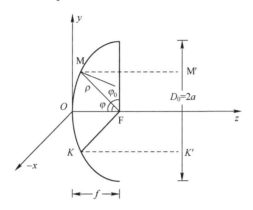

图 8-2-2 抛物面几何关系坐标系

以旋转抛物面为例，它是由抛物线绕其对称轴 Oz 旋转而成。选取抛物面在 yOz 平面内的截线（抛物线）进行分析，焦点 F 在 z 轴上且其顶点通过原点的抛物线方程，即抛物线上任一点 M 满足的直角坐标方程为

$$y^2=4fz \quad (8\text{-}2\text{-}1)$$

直角坐标系下的旋转抛物面方程可表示为

$$x^2+y^2=4fz \quad (8\text{-}2\text{-}2)$$

为了分析方便，有时用原点与焦点 F 相重合的极坐标来表示抛物线方程

$$\begin{aligned} y&=\rho\sin\varphi \\ z&=f-\rho\cos\varphi \end{aligned} \quad (8\text{-}2\text{-}3)$$

极坐标系中的旋转抛物线方程为

$$\rho=\frac{2f}{1+\cos\varphi} \quad (8\text{-}2\text{-}4)$$

当 $\varphi=\varphi_0=\pi/2$ 时，$f/D_0=1/4$，f/D_0 又称为焦距口径比，简称为焦径比。根据焦径比不同，抛物面天线可分为以下三种。

(1) 中等焦距抛物面（$\varphi=\pi/2$，$f/D_0=1/4$）;
(2) 短焦距抛物面（$\varphi>\pi/2$，$f/D_0<1/4$）;
(3) 长焦距抛物面（$\varphi<\pi/2$，$f/D_0>1/4$）。

实际应用中，一般选取焦径比为 0.25~0.5，即长焦抛物面天线。长焦抛物面天线的电特性较好，天线具有较好的性能，但天线纵向尺寸太长，使机械结构复杂。

根据抛物面的几何特性可知：

(1) 由焦点发出的射线经抛物面反射后到达天线口径面的总长度相等；
(2) 有焦点出发的射线及其反射线与反射点的法线之间的夹角相等。
根据其光学特性可知：

(1) 由抛物面焦点 F 发出的射线经抛物面反射后，所有反射线都与抛物面的对称轴平行。在焦点处的馈源辐射出去的波经抛物面反射后变成平行的电磁波束，相反，当平行的电磁波沿抛物面的对称轴入射到抛物面上时，被抛物面会聚于焦点。

(2) 由焦点处发出的电磁波经抛物面反射后，在口径上形成平面波前，口径上的场处处相同，为同相内场。相反，当平面电磁波沿抛物面对称轴入射时，经抛物面反射后不仅会聚于焦点，而且相位相同。

与喇叭天线类似，抛物面天线的方向性系数为

$$D = \nu \frac{4\pi}{\lambda^2} S \tag{8-2-5}$$

其中：S 为抛物面天线的口径面面积；ν 是口径面利用系数，由口径面内场的振幅分布决定，口径面内场分布越均匀 ν 越接近于 1。而 ν 与设置在焦点 F 处的照射器方向性有关，因此为了使抛物面口径面上的内场尽可能均匀，照射器方向性图应有足够的主瓣宽度，但照射器方向性图的主瓣宽度也不能太宽，否则通过抛物面边缘泄漏出去的电磁能量太多，引起天线效率降低。所以照射器应有适当的方向性。

三、馈源选择要求及偏焦

馈源是抛物面天线的基本组成部分，它的电性能和结构对天线有很大的影响。为了保证天线性能良好，对馈源有以下基本要求。

(1) 馈源应有确定的相位中心，并且此相位中心置于抛物面的焦点，以使口径上得到等相位分布。

(2) 馈源方向性图的形状应尽量符合最佳照射，同时副瓣和尾瓣尽量小，因为它们会使天线的增益下降，副瓣电平抬高。

(3) 馈源应有较小的体积，以减小其对抛物面口径的遮挡。

(4) 馈源应具有一定的带宽，因为抛物面天线的带宽主要取决于馈源的带宽。

由于安装等工程或设计上的原因，馈源的相位中心不与抛物面的焦点重合，这种现象称为偏焦。对普通抛物面天线而言，偏焦会使得天线的电性能下降。但是偏焦也有可利用之处。偏焦分为两种：馈源的相位中心沿抛物面的轴线偏焦，称为纵向偏焦，如图 8-2-3 所示；馈源的相位中心垂直于抛物面的轴线偏焦，称为横向偏焦，如图 8-2-4 所示。

第八章 面天线

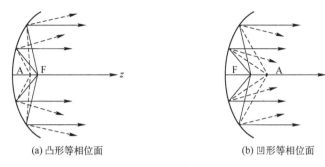

(a) 凸形等相位面　　(b) 凹形等相位面

图 8-2-3　纵向偏焦

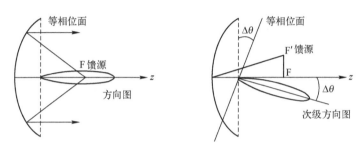

图 8-2-4　横向偏焦

如图 8-2-3 所示,当抛物面天线纵向偏焦时,使得抛物面口径上发生旋转对称的相位偏移,方向图主瓣变宽或变窄,但是最大辐射方向不变,有利于搜索或跟踪。如图 8-2-4 所示,当抛物面天线横向偏焦时,抛物面口径上的等相位面发生偏移,天线的最大辐射方向偏转,但波数形状几乎不变。如果馈源以横向偏焦的方式绕抛物面的轴线偏转,则天线的最大辐射方向就会在空间产生圆锥扫描,以扩大搜索范围。

图 8-2-5 和图 8-2-6 分别为某型雷达抛物面天线和某型雷达组合馈源抛

图 8-2-5　某型雷达抛物面天线

物面天线实装图，两个天线都属于抛物面天线。其中，图 8-2-5 中抛物面天线的馈源为喇叭天线，图 8-2-6 中抛物面天线的馈源为组合馈源。

图 8-2-6　某型雷达组合馈源抛物面天线

第三节　卡塞格伦天线

卡塞格伦天线是由卡塞格伦光学望远镜发展起来的一种双反射面微波天线，在雷达、射电天文和卫星通信等领域应用广泛。

一、卡塞格伦天线及其结构组成

卡塞格伦天线是由主反射面、副反射面和馈源三部分构成的。主反射面是一个旋转抛物面，其焦点在 F，焦距为 f；副反射面是一个旋转双曲面，位于主反射面的焦点和顶点之间，双曲面有两个焦点，一个虚焦点与主反射面焦点 F 重合，照射器放在它的另一个实焦点 F_p 上；照射器通常采用喇叭天线，其相位中心（辐射中心）安置在双曲面的实焦点 F_p 处，如图 8-3-1 所示。

二、卡塞格伦天线几何特性及工作原理

为更好地分析卡塞格伦天线，首先需要了解它的几何特性。

（1）从 F_p 上发出的各射线经双曲面反射后，反射线的延长线都相交于 F 点。因此，由馈源 F_p 发出的球面波，经双曲面反射后其所有的反射线就像从双曲面的另一个焦点 F 发出来的一样，这些射线经抛物面反射后都平行与抛物面的焦轴。

第八章 面天线

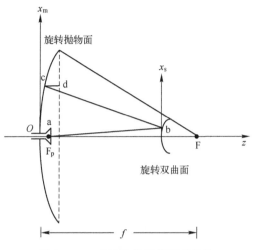

图 8-3-1　卡塞格伦天线组成结构

（2）双曲面上任一点的两焦点距离之差等于常数，由图 8-3-1 有：

$$F_p b - bF = 常数 \tag{8-3-1}$$

又根据抛物面的几何特性

$$bF + bc + cd = 常数 \tag{8-3-2}$$

将上述两式相加得

$$F_p b + bc + cd = 常数 \tag{8-3-3}$$

这就是说，由馈源在 F_p 发出的任意射线经双曲面和抛物面反射后，到达抛物面口径时所经过的波程相等。

因此，有馈源在 F_p 发出的任意射线经双曲面和抛物面反射后，不仅相互平行，而且同时到达卡塞格伦天线。由此可见，卡塞格伦天线与旋转抛物面天线是相似的。

卡塞格伦天线的工作原理为等效抛物面原理，具体工作原理示意图如图 8-3-2 所示。

延长馈源 F_2 至副反射面的任意一条射线 F_2N 与该射线经副、主反射面后的实际射线 MM' 的延长线交于 Q，此方法而得到的 Q 点轨迹是一条抛物线，于是有

$$\rho \sin\theta = \rho_e \sin\varphi \tag{8-3-4}$$

根据抛物面方程：

$$\rho = \frac{2f}{1+\cos\theta} \tag{8-3-5}$$

将式（8-3-4）代入到式（8-3-5）中并化简可得

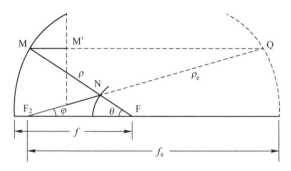

图 8-3-2 卡塞格伦天线工作原理示意图

$$\rho_e = \frac{2f}{1+\cos\varphi} \cdot \frac{\tan\frac{\theta}{2}}{\tan\frac{\varphi}{2}} \tag{8-3-6}$$

若令 $A = \dfrac{\tan\dfrac{\theta}{2}}{\tan\dfrac{\varphi}{2}}$,则式(8-3-6)可写为

$$\rho_e = \frac{2Af}{1+\cos\varphi} = \frac{2f_e}{1+\cos\varphi} \tag{8-3-7}$$

式(8-3-7)表示一条抛物线,其焦点为 F_2,焦距为 f_e。将此等效抛物线旋转形成的抛物面称为等效抛物面,此等效抛物面口径尺寸与原抛物面的口径尺寸相同,但焦距放大了 A 倍,而放大倍数为

$$A = \frac{f_e}{f} = \frac{\tan\frac{\theta}{2}}{\tan\frac{\varphi}{2}} \tag{8-3-8}$$

综上所述,卡塞格伦天线可以用一个口径尺寸与原抛物面相同,但焦距放大了 A 倍的旋转抛物面天线来等效,且具有相同的场分布。这样,就可以用前面介绍的旋转抛物面天线的理论来分析卡塞格伦天线的辐射特性及各种电参数。

总的来说,与抛物面天线相比,卡塞格伦天线具有以下优点。
(1) 由于馈源后馈,缩短了馈线长度,减小了由传输线带来的噪声;
(2) 减小了天线的纵向尺寸,体积较传统抛物面小,机械转动灵活;
(3) 以较短的纵向尺寸实现了长焦距抛物面天线的口径场分布,天线焦径比较大,性能较好。

但卡塞格伦天线的副反射面的边缘绕射效应较大,容易引起主面口径场分布的畸变,副反射面的遮挡也会使方向图变形或增益下降。图 8-3-3 为某型卡塞格伦天线实装图。

图 8-3-3　某型卡塞格伦天线实装图

第四节　相控阵天线

20 世纪 60 年代,为适应对人造地球卫星及弹道导弹观测的要求,相控阵雷达获得了很大的发展,由于技术进步及研制成本的降低,相控阵雷达技术逐渐推广应用于多种战术雷达及民用雷达。相控阵天线则是相控阵雷达发展的必要基础。

一、相控阵天线基本概念

实现波束扫描的基本方法有机械性扫描和电扫描两种。

机械性扫描是利用整个天线系统或其中某一部分的机械运动来实现波束扫描的,通常采用整个天线系统转动的方法。机械性扫描的优点是简单,缺点是机械运动惯性大,扫描速度不高。近年来快速目标、洲际导弹、人造卫星等的出现,要求雷达采用高增益极窄波束,因此天线口径面往往需要做得非常庞大,再加上常要求波数扫描的速度很高,用机械旋转实现波数扫描无法满足要求,必须采用电扫描。

用电子方法实现天线波束指向在空间的转动或扫描的天线则称为电子扫描

天线或电子扫描阵列天线,电子扫描天线按实现天线波束扫描的方法分为相位扫描(简称相扫)天线和频率扫描(简称频扫)天线,两者均可归入相控阵天线的概念。电扫描时,天线反射体、馈源等不必做机械运动。因无机械惯性限制,扫描速度可大大提高,波束控制迅速灵便,故这种方法特别适用于要求波束快速扫描及巨型天线的雷达中。电扫描的主要缺点是扫描过程中波数宽度将展宽,因而天线增益也要减小,所以扫描的角度范围有一定限制。另外天线系统一般比较复杂。

二、相控阵天线基本工作原理

以常见的相位扫描法为主讨论电扫描的基本原理。在阵列天线上采用控制移相器相移量的方法来改变各阵元的激励相位,从而实现波束的电扫描。这种方法称为相位扫描法,简称相扫法。

图 8-4-1 所示为由 N 个阵元组成的一维直线移相器天线阵,阵元间距为 d。为简化分析,先假定每个阵元为无方向性的点辐射源,所有阵元的馈线输入端均等幅同相馈电,各移相器的相移量分别为 0、φ、2φ、$\cdots$、$(N-1)\varphi$,如图 8-4-1 所示,相邻阵元激励电流之间的相位差为 φ。$\psi = \beta d\sin\theta = \dfrac{2\pi d\sin\theta}{\lambda}$ 为波程差引起的相位差。

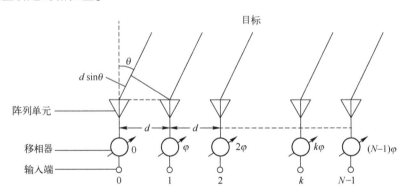

图 8-4-1 N元直线移相器天线阵

当各移相器的相移量均为 0 时,如图 8-4-2 所示。此时,每个阵元为无方向性的点辐射源,所有阵元的馈线输入端均等幅同相馈电,由于移相器的相移量为 0,因此,经过天线向外辐射的电磁波在天线处也等幅同相,形成等相位面,即各阵列单元天线向外辐射的辐射场在等相位面处可同相叠加。此时天线方向性图的最大值在阵列天线的法线方向,即天线波束指向垂直于等相位面。

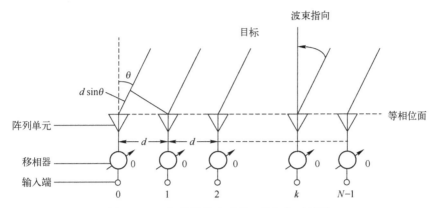

图 8-4-2　相移量均为零的一维相扫天线阵

当各移相器的相移量不为 0 时，如图 8-4-3 所示。此时，阵元 1 比阵元 0 相位超前 φ，相当于阵元 1 比阵元 0 提前先向外辐射电磁波，若这时想让两阵元相位相同，阵元 0 就必须要把阵元 1 比它超前的那部分相位补回来，因此可通过波程差引起的相位差将移相器所引入的相位差补回来，相移量与波程差引起的相位差应满足如下关系：

$$\varphi = \psi = \beta d \sin\theta = \frac{2\pi d \sin\theta}{\lambda} \qquad (8\text{-}4\text{-}1)$$

与两个阵元类似，当阵列天线有多个阵元时，就会形成如图 8-4-3 所示的等相位面，此时波束指向与等相位面垂直，相比各移相器的相移量均为 0 时的天线阵，波束指向偏转了 θ。

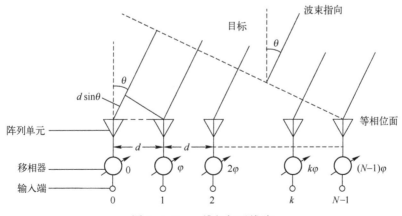

图 8-4-3　一维相扫天线阵

再根据式（8-4-1）可得：

$$\theta = \arcsin \frac{\lambda \varphi}{2\pi d} \tag{8-4-2}$$

显然，只要通过控制改变相移量 φ，等相位面就会发生倾斜，波束指向 θ 也会发生改变，从而达到波束扫描的目的。

总结起来，相控阵原理的实质就是，在每个天线阵元之后配置一个移相器，用计算机控制移相器的相移量，使得其补偿掉阵元间至观测点 P（目标处）由于波程差引起的相位差，即可使波束指向 P 点。

以上工作原理只是以一维直线相扫天线阵为例说明其工作原理，若想使相控阵雷达天线波束实现更为复杂的方位扫描和俯仰角扫描，可以将各阵元组合排列形成面阵（圆形或方形等），如图 8-4-4 所示，从而满足对天线方向性的要求。

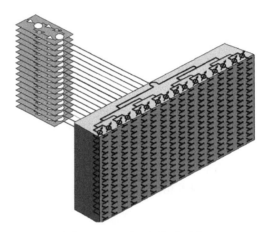

图 8-4-4　平面相控阵天线

除了移相器的相移量的变化会影响天线的方向性，与阵列天线相似，阵元间的间距也会对天线方向性造成影响。正如第七章第二节中图 7-2-3 所示，对于等幅同相二元阵阵因子的方向性图，当间距 $d=0.5\lambda$ 时，二元阵的最大辐射方向为 $\theta_M = 90°$，当间距 $d=\lambda$ 时，除了 $\theta = 90°$ 最大辐射方向外，在 $\theta = 0°$ 和 $\theta = 180°$ 两个方向还存在栅瓣。栅瓣比一般的副瓣更浪费电磁能量，容易引起更大的干扰，还会导致测角模糊。因此，为了消除栅瓣通常选取阵元间距 $d \leqslant \lambda/2$。

除了栅瓣问题，相控阵天线的波束宽度也是值得关注的问题，其法线方向的主瓣宽度为

$$2\theta_{0.5} = \frac{50.8°}{Nd}\lambda \qquad (8-4-3)$$

其中：N 为阵元个数；d 为阵元间距；Nd 又称线阵长度。

当 $d=\lambda/2$ 时，$2\theta_{0.5}\approx 100°/N$。若 $N=100$，则主瓣宽度约为 $1°$；若天线为 100×100 的阵元所组成的阵面时，则天线的水平面和垂直面内的主瓣宽度均为 $1°$ 左右。因此，方位角上和俯仰角上的主瓣宽度与阵元个数有关。

而天线在扫描过程中时，即天线波束指向较法线方向偏转 θ，如图 8-4-5 所示。此时线阵长度 Nd 变为 $Nd\cos\theta$。波束指向方向上的主瓣宽度表示为

$$2\theta_{0.5S} = \frac{50.8°}{Nd\cos\theta}\lambda = \frac{2\theta_{0.5}}{\cos\theta} \qquad (8-4-4)$$

当波束指向越接近 $90°$ 时，$2\theta_{0.5S}$ 变得越宽；当波束指向 $\theta=60°$ 时，$2\theta_{0.5S} = 2\times 2\theta_{0.5}$。显然，在 $0°\sim 90°$ 范围内，随着扫描角度 θ 的增大，主瓣宽度会逐渐变大，波束出现展宽现象，天线的增益下降，因此，波束扫描的范围通常限制在 $\pm 45°\sim\pm 60°$。图 8-4-6 为两型雷达相控阵天线实装图，各阵元可根据实际情况排列成圆形或方形以满足不同天线方向性要求。

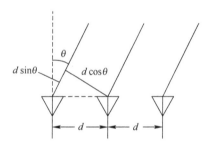

图 8-4-5 天线扫描过程中线阵长度变化示意图

图 8-4-6 某两型相控阵雷达天线实装图

小 结

本章主要介绍面天线,从最简单的面天线——喇叭天线出发,分析了不同口径喇叭天线的辐射特性,讨论了口径对辐射的影响;而后,阐述了抛物面天线和卡塞格伦天线的结构组成、几何特性和工作原理,还讨论了对馈源选择的要求以及偏焦馈电的特点;最后,介绍了相控阵天线的基本概念及其基本工作原理,讨论了栅瓣问题和波束宽度问题。

复习思考题

1. 简述喇叭天线的分类。
2. 旋转抛物面天线由哪几部分组成?旋转抛物面天线对馈源选择的基本要求有哪些?
3. 简要说明横向偏焦与纵向偏焦及其应用。
4. 卡塞格伦天线与旋转抛物面天线相比有哪些优点?
5. 有一卡塞格伦天线,其抛物面主面焦距 $f=2\text{m}$,$A=\tan\dfrac{\theta}{2}/\tan\dfrac{\varphi}{2}=2$,求其等效抛物面的焦距。
6. 简述相控阵天线的基本工作原理。

参 考 文 献

[1] 刘学观，郭辉萍．微波技术与天线［M］．西安：西安电子科技大学出版社，2017.
[2] 王新稳，李延平，李萍，等．微波技术与天线［M］．北京：电子工业出版社，2016.
[3] 龙光利．微波技术与天线［M］．北京：清华大学出版社，2017.
[4] 丁荣林，李媛．微波技术与天线［M］．北京：机械工业出版社，2013.
[5] 孙绪保，郭银景，等．微波技术与天线［M］．北京：机械工业出版社，2015.
[6] 张辉，姜勤波，李卉．微波技术与天线［M］．西安：西北工业大学出版社，2015.
[7] 杨峰，杨德强，陈波，等．微波技术与天线［M］．北京：高等教育出版社，2016.
[8] 傅文斌．微波技术与天线［M］．北京：机械工业出版社，2015.
[9] 龚书喜，刘英，等．微波技术与天线［M］．北京：高等教育出版社，2014.
[10] CHENG D K．电磁场与电磁波［M］．何业军，桂良启，译．北京：清华大学出版社，2017.
[11] 丁露飞，耿富录，陈建春．雷达原理［M］．北京：电子工业出版社，2018.
[12] 刘冬利．舰载雷达［M］．大连：海军大连舰艇学院，2018.
[13] 栾秀珍，傅世强，房少军．天线与无线电波传播［M］．大连：大连海事大学出版社，2015.
[14] 栾秀珍，王钟葆，傅世强，等．微波技术与微波器件［M］．北京：清华大学出版社，2017.
[15] 李晓东．MATLAB 从入门到实战［M］．北京：清华大学出版社，2019.
[16] 胡晓冬，董辰辉．MATLAB 从入门到精通［M］．北京：人民邮电出版社，2018.